香木のきほん図鑑

種類と特徴がひと目でわかる

山田英夫

山田松香木店代表

目次

はじめに

樹内の「宝石」 香木へのいざない

山田英夫

香木・薬種を家業とする環境に生まれ、幼い頃より香木に囲まれていましたが長じるにつれ、香木が発する香気に畏怖を感じるようになり、その正体により深く迫りたいと思うようになったのです。

香木といっても、「香木」という種類の樹がある訳ではありません。香木とはある種の樹の一部分を指します。広範囲に考えれば、樹木から発生する香材はすべて香木といえないこともないのです。沈水香《じんすいこう》と総称される伽羅《きゃら》・沈香《じんこう》は、樹内の繊維に樹脂が溜まった部分を指し、白檀《びゃくだん》は樹の芯に精油が溜まった部分を指します。桂皮《けいひ》は皮の部分、乳香《にゅうこう》は樹外に出た樹脂の固まった部分です。ほかにも樹木由来の香材は多くありますが、この本では香木の定義を伽羅・沈香・白檀の三種に絞り、ほかは香原料として、順次説明していこうと思います。

さて、畏怖感のある香りとは、良質な伽羅・沈香が持つものですが、ことに最上質の伽羅は別格で、鋭い精神性を内包します。この最上質の伽羅はどこで、どのタイミングで、どのようにして形になり、香りを結ぶのか？ それにはいくつもの条件があるはずですが、そのすべてが叶う場所は地球上に一ヶ所しかありません。

その奇跡の場所は、ベトナムのダクラク省南東部、チューヤンシン山周辺から、ダクラク省とラムドン省、そしてカインホア省の三省が接する周辺にかけての山間部中腹の森林地帯です。そこは半径わずか数十キロのゴールデンサークルなのです。ベトナムでも伽羅・沈香の分布はかなり広く、最上質の伽羅だけがなぜそこにできるのかは不明です。地形・土質・温度・湿度・雨量・風量、そしてそれ以外の何か、おそらく人智ではわかり得ないミクロの要因、それらが絶妙に絡み合って樹の中に伽羅という宝石を作り出したのです。なんたるマジックか……。面白いことに伽羅の系統の香木を産する地域は、良質の宝石が生まれる場所と重なっています。美しい鉱物の宝石が生まれる地域に、樹木の宝石である香木が高貴な香りを結んできたのです。

しかし、残念ながらこの地域で最後に最上質の伽羅が採取されて久しく、その後、新規採取もありません。今後ふたたび神秘的な自然の恵みを手にすることができるのか？　地球環境も激変している今、かなり悲観的に考えたほうが良さそうな状況です。

白檀は世界的に需要のある重要な香木です。油分を多く含むので、刻みや粉末に加工し、インセンス香原料として重用するほか、蒸留して精油を取ったり、板材として部屋の壁に貼ったり、スパイスとしても用います。しかし、白檀資源も減少を続け、良質品を産出するインドでも野生の良木は希少となり、主力は植林白檀に移っています。

このように良質の伽羅・沈香は二十世紀末に途絶え、白檀も同じ道を辿るかもしれません。香木資源は衰退の一途です。

今のうちに本物の香木、その最上品はどのようなものかを記録し、皆様の記憶に留めていただければと思い本書を著しました。香りの表現は非常に抽象的であり、ここで紹介できるのは、実際の香木の写真とそれがどの産地のものであるかということが中心となります。同じ香木は一つとしてなく、その類型の全容を記すことは非常に難しいです。過去の書物や文献にも、香木の香りをどのように形容するか、先人たちが試行錯誤した足跡が記されています。そういった過去の蓄積にも触れながら、少しでも香木のことを皆様に知っていただければ幸甚です。

伽羅製琵琶形香合（台は沈香製）

凡例

- 本書前半では、代表的な香木として、伽羅・沈香・白檀を紹介しています。
- 伽羅に分類される各香木は、10～11頁に記載の判定基準に基づき、産地(国名・地域名)、ａ形態、ｂ粘度、ｃ熟度、ｄ木所を記載しています。
- 沈香に分類される各香木は、10～11頁に記載の判定基準に基づき、産地(国名・地域名)、ａ形態、ｃ熟度、ｄ木所を記載しています。
- 後半では伽羅・沈香・白檀によって発展した香り文化を紹介するとともに、伽羅・沈香・白檀以外の香木および香原料を紹介しています。

序章
香木の基礎知識

代表的な香木

伽羅

伽羅は沈香と同種の樹木から採取される香木で、沈水香の最上品とされている。伽羅の基準はいくつかあるが、材の柔軟さ（粘度・10頁参照）が一つの特徴となる。

ベトナム　ダクラク省　東南部
Vietnam Dak Lak Southeast

a. 絲斑／b. 緑油／c. 密結／d. 伽羅

伽羅・沈香

この両者は、沈水香《じんすいこう》の語で括られる同種の香木です。六国五味《りっこくごみ》（12・13頁参照）の分類でも、伽羅《きゃら》を含む木所《きどころ》六種を沈水香木としています。

六世紀に日本に仏教が伝来し、同時に沈香も伝わったと思われますが、当時は伽羅の語はまだなく、薫《たき》物《もの》調合香のレシピに記されるように「沈（沈香）」の語で統一されていました。

鎌倉・室町時代になると、沈香を単独で賞翫するようになり、沈香の最上品として、六国分類にさきがけて伽羅の語が生じたと思われます。また、伽羅・沈香は沈水香の語源のとおり、水に沈まなければ沈水香ではないのか、とのお尋ねがよくあります。沈水香の定義は、沈香樹《じんこうじゅ》の樹内に、樹脂が沈着した部分を指します。その部分が水に沈むか否かは樹脂の沈着度合によります。樹脂が緊密に溜まっていれば沈みますし、薄く溜まっていれば沈みません。そして樹脂の量と香りの質は相関関

沈香

沈香は、伽羅とともに沈水香と呼ばれ、熱帯地方の森林から採取される。産地が広範なので、種類も多く、香りのタイプも幅広い。

インドネシア　カリマンタン島
Indonesia Kalimantan

a. 黒皮／c. 密結／d. 沈香

白檀

白檀は、白檀樹の芯材である。写真は、表皮と周辺部を取り除いた芯の部分で、精油を含む。インセンス用香原料にするほか、取り出した精油はパフューム用香原料としても有用である。

インド南部マイソール産の老山白檀。

係がありません。樹脂の質が良ければ沈まなくても良質品です。香木鑑定において、沈・不沈は一つの目安と考えてください。なお、沈水香の採取は、生木や枯木から採る場合（地上）と、倒木から採る場合（地表）、あるいは倒木が埋まった状態で採る場合（地中）の三通りあります。そして沈水香は産地が広範で種類も多く、個体ごとに香味も違います。本書では概略になりますが、ある程度のグループに分け、説明したいと思います。

白檀

白檀《びゃくだん》も沈香と同じ頃に日本へ渡来し、薫物や匂ひ香に欠かせない主要な香原料でした。それは現在も同様で、白檀油が加わったこともあり、多方面に活躍しています。良質な白檀が採れるインドでは、霊木として大事に扱われ、貴人の火葬に用いたり、ヒンズー教の儀式にも欠かせないものです。

伽羅・沈香の分類

香木判定の六つの基準

香木を鑑定するには多くの手段がありますが、いずれも五官を動員することが重要となります。

まず、外部を観察し（視覚）、手に持って重量や質感を確かめ（触覚）、次に打感して内部の様子を探り（聴覚）、そして常温での香りと加熱時の香り（嗅覚）で結論を出します。伽羅の場合は、さらに口に入れて、香味を舌と喉で確認する（味覚）のです。

以下の表はいくつかの判定要素を表にしたものです。古書に記載されていて、今は使用しない表現、ある地域でしか使われない表現、業界用語など、混在しています。香木を表現するさまざまな用語として広く挙げてみましたので、あくまで参考用語とお考えいただければと思います。

1

［産地］

国名・地域名

- ・ベトナム
- ・中国
- ・オーストラリア
- ・インドネシア
- ・インド
- ・南太平洋諸国
- ・東南アジア諸国
- ・スリランカ
- ・アフリカ諸国

2

［形態］

外観の形容（色・動物や虫の喩え・サイズなど）

- ・白皮　・鉄皮　・鷓斑　・蟲穴　・中木
- ・金皮　・縞皮　・絲斑　・蟲漏　・笹
- ・黄皮　・奇皮　・虎老　・螺状　・爪
- ・茶皮　・螺皮　・虎黄　・熟漏脱　・米
- ・赤皮　・金絲　・白虎　・奇肉　・根木
- ・紫皮　・虎斑　・蟻穴　・馬蹄　・元木
- ・黒皮　・豹斑　・蟲融　・山　・花紋

3

［粘度《ねんど》］

樹脂の硬軟度合（伽羅のみに適応）

- ・緑油　・青油　・黄油　・赤油　・黒油
- ・金油　・飴油　・茶油　・紫油　・鉄油

4

熟度《じゅくど》（香結度）

個体の樹脂密度と熟成度合

・潤結　・聚結　・鉄結　・老結　・桟結

・熟結　・糖結　・生結　・全結　・枯結

・密結　・堅結　・壮結　・黄熟結　・偏結

5

木所《きどころ》

香木の種類・呼称

・沈香　・沈水香　・イリアン沈　・紅土沈　・真那賀

・黄熟香　・奇南　・タニ沈　・黄土沈　・寸門陀羅

・全浅香　・伽羅　・マレータニ　・黒土沈　・佐曾羅

・密香　・新伽羅　・油タニ　・沈梗　・赤栴檀

・舶香　・花伽羅　・青タニ　・沈界　・白檀

・早香　・伽楠香　・チャム　・烏水沈　・老山白檀

・水盤香　・チャンパ沈　・泥沈　・鉄米沈　・南洋白檀

・哲香　・シャム沈　・赤泥　・羅国　・和香木

・沈　・アッサム沈　・山打根　・真南蛮　・海南沈

6

香味《こうみ》

香りの系統と表現

・甘　・気高い

・酸　・繊細な

・辛　・静かな

・鹹　・仄かなる

・苦　・しめやかな

・浅い　・懐かしい（魅力的）

・深い　・なよびかなる

・貴《あて》なる　・雅びかなる

・あはれなる　・物深い

・奇《あや》し　・やむごとない（趣がある）

・あらまほし　・心異なる

・言ひ知れぬ　・余薫

・打ち湿る　・残り香

・古めく　・移り香

・艶なる　・追風用意《おいかぜようい》

・清らなる

六国

りっこく

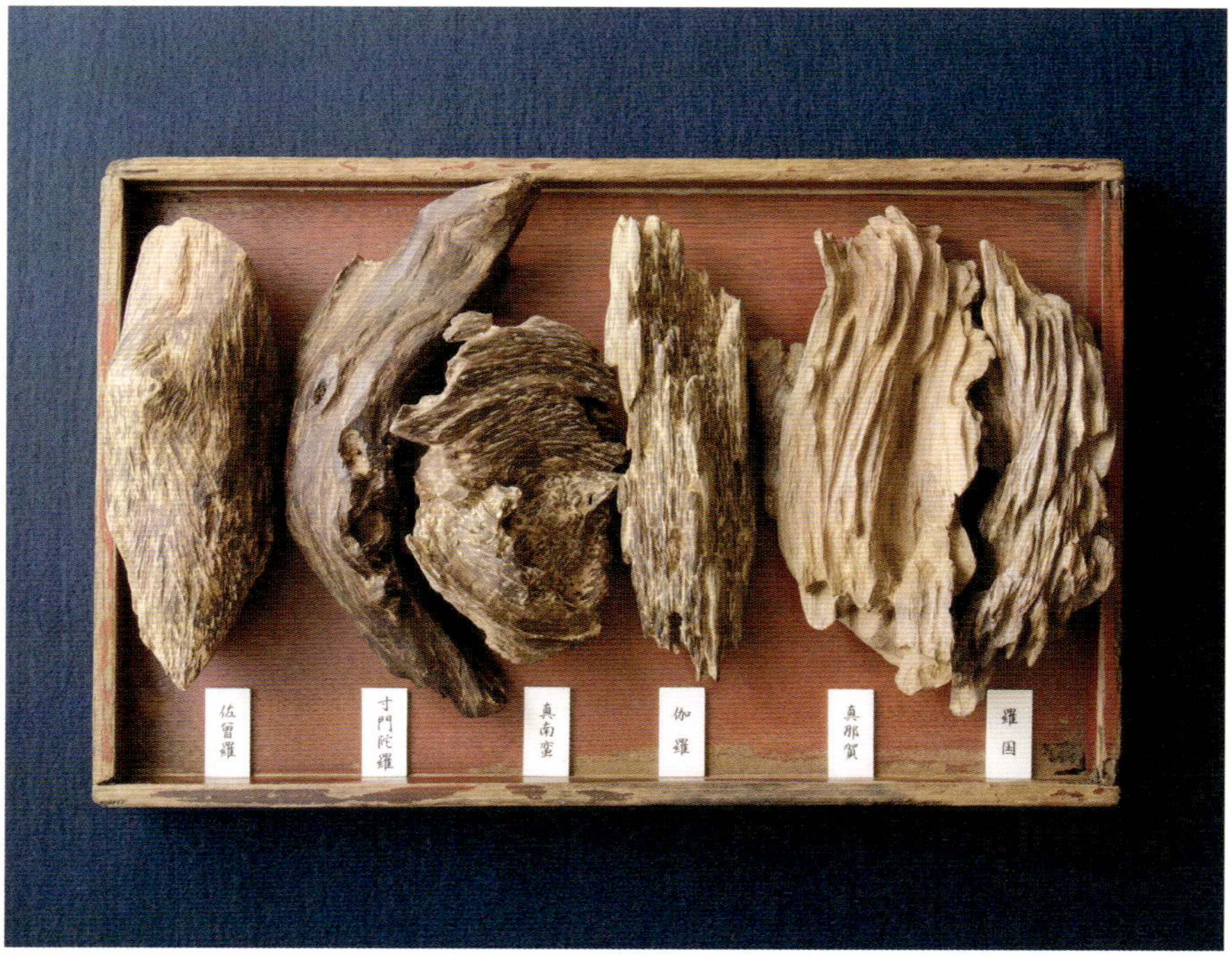

六国　左から佐曽羅、寸門陀羅、真南蛮、伽羅、真那賀、羅国

六国と五味

六国とは、香木の出港地を元に考えらえれた分類法ですが、本来の産地名ではないので、六国の概念が固まって以降は、香りの性質によって六種に分類されています。

伽羅《きゃら》――この木所は国ではなく、香木名を当てている。

羅国《らこく》――この木所はどこであるかは諸説あるが、当時の交易状況を考えると現在のタイ国と思われる。タイは当時「暹羅《シャム》国」と呼ばれていた。

真那賀《まなか》――この木所は明確で、半島マレーシア西海岸のマラッカを指す。マラッカ沈香として有名である。

真南蛮《まなばん》――この木所も諸説あるが、インド西海岸のマラバールではないかと思われる。アッサム産の沈香を、紅茶や香辛料、また白檀等と一緒に交易していた。

寸門陀羅《すもんだら》――インドネシアのスマトラ島のこと。対岸がマラッカなので、マレー半島産と区別して、スマトラ産とされ、マラッカから同時に出荷されることもあった。

佐曽羅《さそら》――この木所も特定できないが、木の性質から判断すると、インドシナ半島の西方、ミャンマー周辺かと思われる。

五味《ごみ》

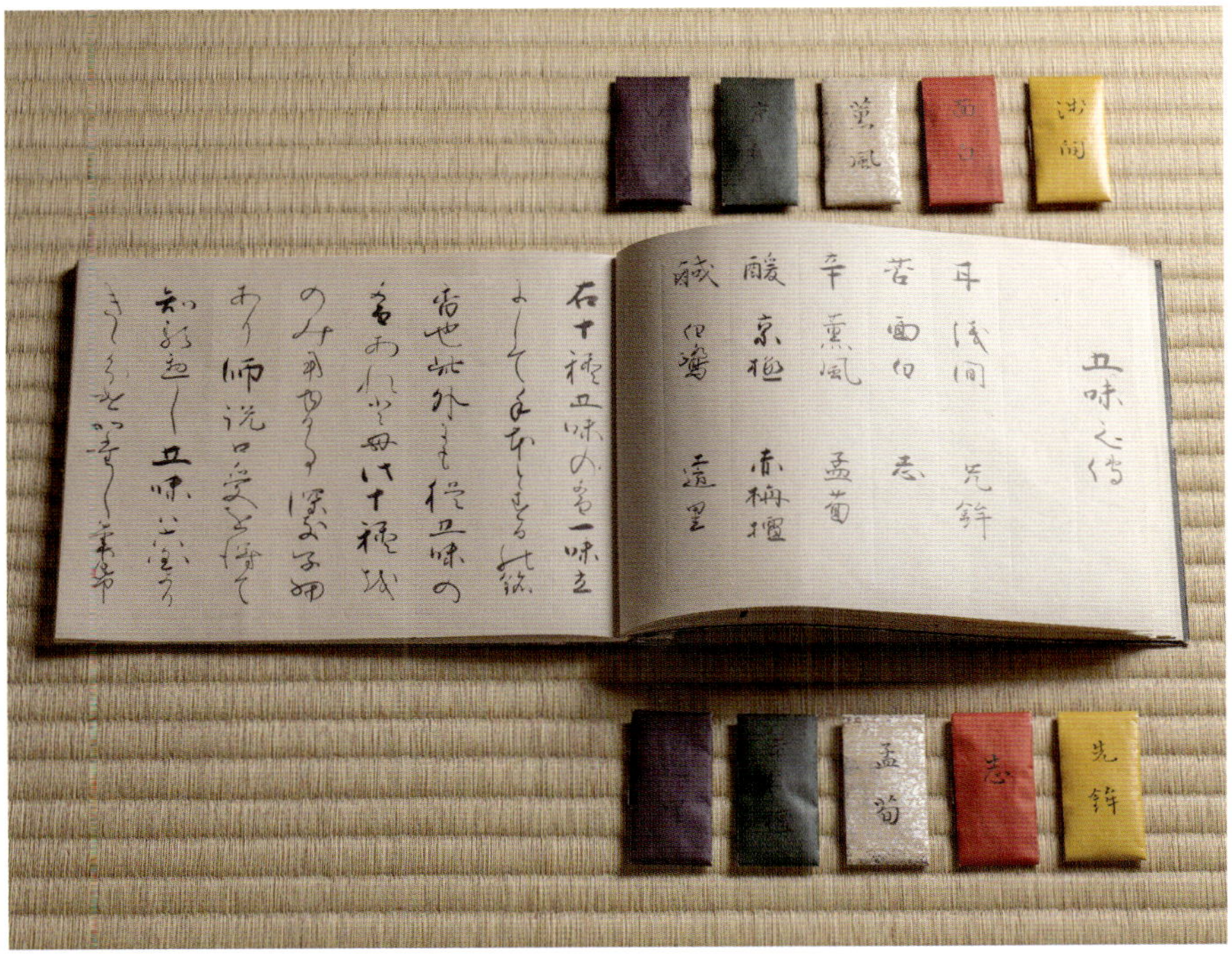

五味の手本木各２種とその銘。「六国五味之伝」（江戸時代）

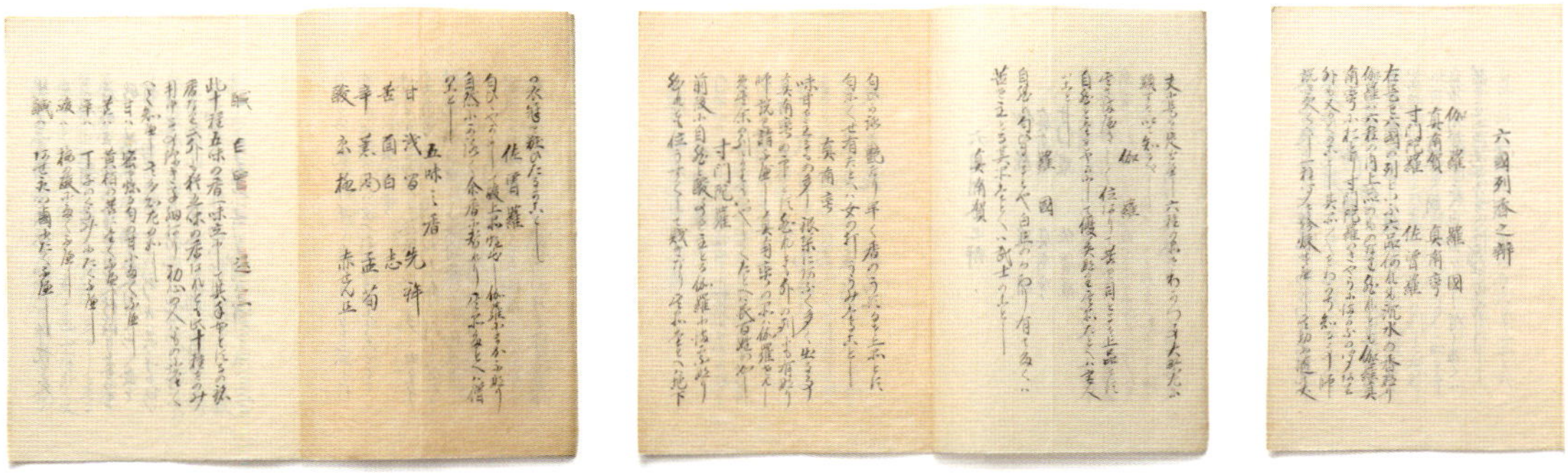

伝書に記載される香木の産地や香りの基準。　「六国五味伝書」（江戸時代）

五味とは、香木の香味《こうみ》を示す味を五つに分類したもので、甘《かん》・苦《く》・辛《しん》・酸《さん》・鹹《かん》の五種の味のことです。香木の味はデリケートで、この五種の味のどれかではなく、一つの香木が複数の香味を含んでいることがほとんどです。香木に熱を加えると、最初に甘が立ち、後から酸が立ってくるなど、時間経過によっても五味は変化してゆきます。

六国と五味を言葉で説明するのは非常に困難で、たとえば六国の伽羅は「宮人《みやびと》の如し」、羅国は「武士の如し」などと表現したり、五味の甘は「蜜の香味」、苦は「黄柏《おうばく》の苦味」などと言ったり、極めて抽象的になっています。さらに六国各木所の香りが違う訳ですから、それを構成する五味も木所により違うはずです。つまり、伽羅の酸味と真南蛮の酸味はかなり違うのです。

写真は六国の代表的な外観と、五味の手本木《てほんぎ》です。いずれも鑑定時の参考にはなりますが、決め手にはならないところが香木の鑑定の難しさと妙味といえましょう。

コラム

限られた香木が世界をめぐる

沈香の主な産出国と現在の状況

香木は聖書にも記載がありますが、ヨーロッパ諸国、アメリカ、アフリカなどではあまり普及していません。主な需要範囲は、東アジア、東南アジア、インド周辺と中近東諸国です。宗教との関係でいえば、仏教国とイスラム教国は香木に関心があり、キリスト教国はそれほどでもありません。

香木の需給については、地域的、量的な変動はあっても、第二次世界大戦までは安定していました。戦後、世界的な経済復興の中で、日本は特に高度成長を遂げ、香木の需要も増えました。また中東諸国もオイルマネーが流入し、この地での需要も急増しています。一方で経済復興にともなう地球環境の悪化と、ベトナム戦争による沈香産地への爆撃や枯葉剤の散布などで大きな被害を受け、まずベトナムの資源が衰退します。私はベトナム戦争中も何度か仕入れに行っていましたが、一九七四年十一月の訪越時には、軍人のガードマン四人とともに産地へ入ったことがあります。森は荒れていました。その後、ベトナムの香木市場が一時閉鎖状態になり、供給を主にインドネシアのカリマンタンに頼ることになりました。その結果、乱伐採とそれに伴う山火事により、カリマンタン周辺地域も資源が枯渇し、供給も細り、一九九五年の阪神淡路大震災のあった頃には伽羅・沈香の良質木はほぼ資源が枯渇し、今に至っています。白檀の良木も前後して同じ道を辿ることになります。

そしてその後、香木流通はどうなったのでしょうか。伽羅に限っていえば、この時点で伽羅の保有量は日本がトップでした。以前より、伽羅・沈香の二大消費地である日本とアラブ諸国では、香りの好みが異なり、伽羅を含むベトナム系沈香の多くは日本へ、インドネシア系沈香の多くはアラブ諸国へ行っています。さらにベトナム戦争終結後、ベトナムの資産階級は多くの財産を失ないましたが、第二の金融資産である伽羅を元手に海外へ移住しました。その伽羅の多くは日本へ入り、日本の保有率をさらに上げたのです。しかし、二〇一〇年代に入ると中国の購買力が大きくなり、香木市場も大きく変化しました。日本から中国へかなりの量の香木が移動したと思われますが、この動きも近年落ち着き、ブームは去ったようです。

良品が途切れて以降、産地からの新規供給はなく、国内既存品の再供給に頼るしかありません。ただし、以前にベトナムから伽羅を持って海外移住した人たちの手許にあるかもしれず、パリやニューヨークからの供給の可能性は残っています。

いずれにしても、香木の絶対量は減っていく訳で、馬尾蚊足といわれるように、少しでも無駄にせず、大切に扱わねばならない貴重な資源であることに変わりはありません。

第一章　香木の図鑑

― 伽羅・沈香・白檀ほか ―

伽《きゃ》羅《ら》

虎斑系　金系　緑系

赤系　茶系　紫系

伽羅は沈水香《じんすいこう》の一種として、沈香と同一グループに属するのですが、その境界に明確なラインはありません。古代には伽羅の概念はなく、沈香（沈水香）の語で総称されていたのです。

中世以降、伽羅の概念は香りの性質になり、六国《りっこく》の一種として捉えられています。

判断の第一は香りで、第二は樹脂の粘度です。この粘度は糖度に比例し、黒油・鉄油などは、かなり硬くなりますが、伽羅の範囲内であり沈香ほど硬くはありません。糖度を示す甘味、香りの中では喉にからむような苦味があるかどうか等が一般的な判断基準です。不明確な基準ではありますが、最終的には経験値での判断となります。

茶黄系
白系
黄系
鉄系
黒系
白黄系

緑伽羅系

原木の成長期から壮年期に樹脂が蓄積され、その段階で採取されたもの。特に白《はく》皮《ひ》緑《りょく》油《ゆ》は、樹脂の糖度が最も高く、そのため最も軟らかい。樹の繊維も若く軟らかいので毛羽立ち、個体の表面は白く見えるが樹脂は緑黒色である。

1

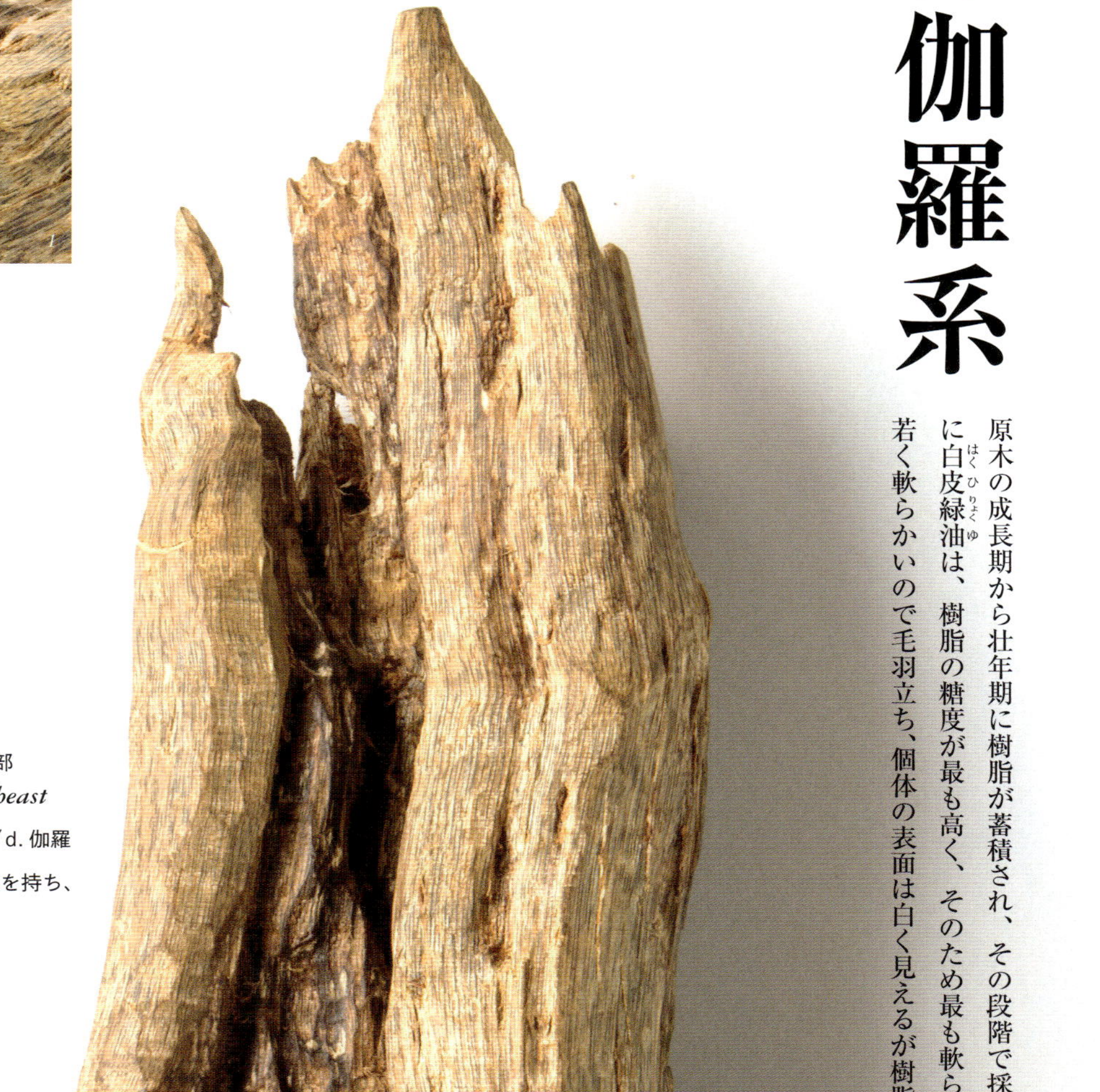

1

1.
ベトナム ダクラク省 東南部
Vietnam Dak Lak Southeast
a. 白皮 / b. 緑油 / c. 潤結 / d. 伽羅

伽羅の中で最も柔軟な感触を持ち、豊穣感がある。

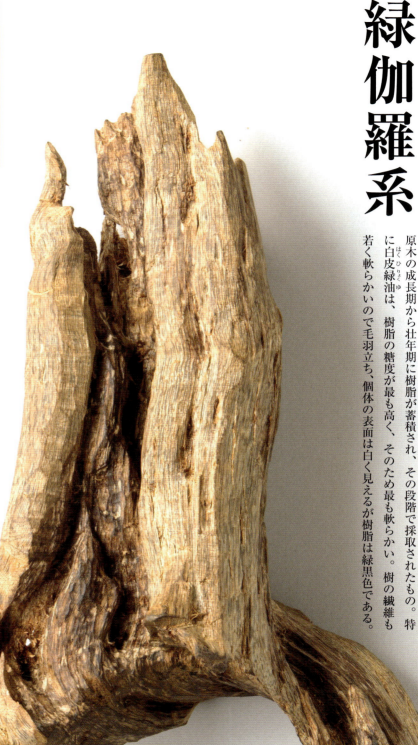

3

3.
ベトナム ラムドン省 北東部
Vietnam Lam Dong Northeast

a. 鵰斑 / b. 緑油 / c. 密結 / d. 伽羅

原木の幹の枝が損傷した裏側に樹脂が絡み、蓄積した。一般的な緑油。

2

2.
ベトナム カインホア省 最西部
Vietnam Khanh Hoa Westernmost

a. 緑皮 / b. 青緑油 / c. 粘結 / d. 伽羅

白皮の状態より時間を経過してから採取されると、表皮は白くならず、薄緑になる。樹脂も若干硬い。

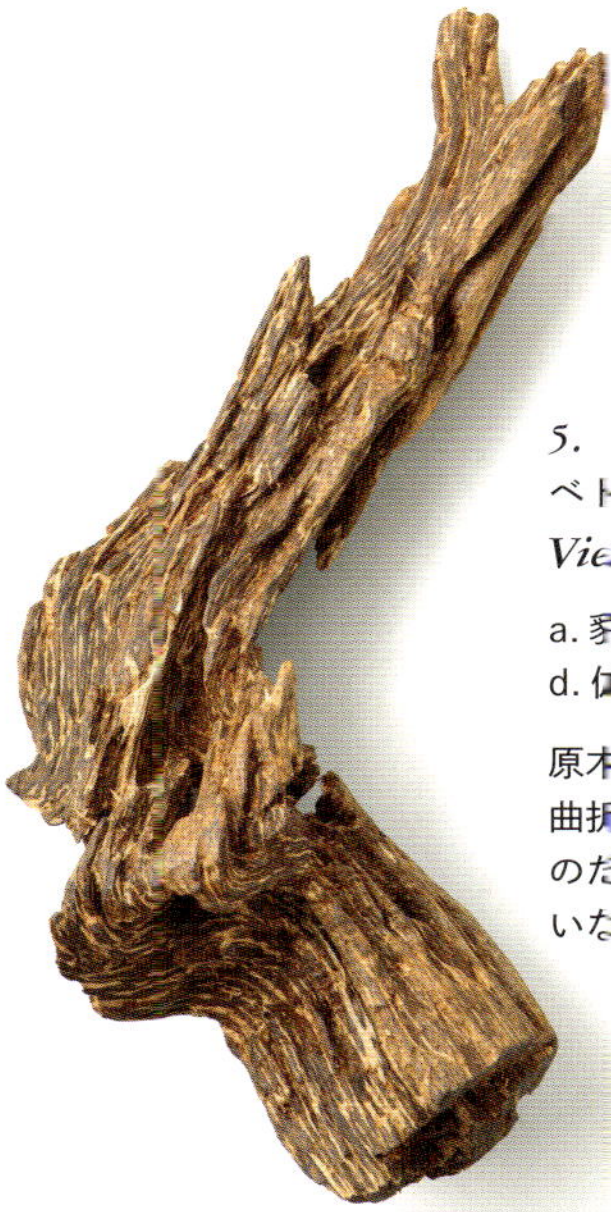

5

5.
ベトナム ダクラク省 東部
Vietnam Dak Lak East

a. 豹斑 / b. 緑油 / c. 聚結 / d. 伽羅

原木の幹部ではなく、枝の曲折部に樹脂が溜まったものだが、十分に蓄積されていない。

4

4.
ベトナム ダクラク省 東南部
Vietnam Dak Lak Southeast

a. 緑皮 / b. 青緑油 / c. 堅結 / d. 伽羅

原木のヒビ部分に、芯に向かって樹脂が溜まったもの。

6

6

6.
ベトナム ダクラク省 東南部
Vietnam
Dak Lak Southeast

a. 虎斑 / b 緑油 / c. 潤結 / d. 伽羅

1と同じく白皮系。切断部も当初は緑黒だが、時間が経つとこのように繊維が白く毛羽立つ。

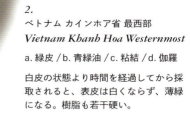

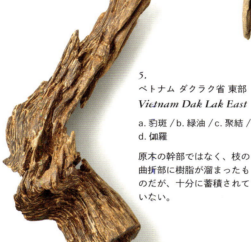

金・黄伽羅系

白皮《はくひ》の段階から薄緑になり、黄皮《おうひ》に変化するが、その中間でまれに金皮《きんぴ》の個体が現れる。熟度が増すので香りに安定感が出る。

7.
ベトナム ダクラク省 東南部
Vietnam Dak Lak Southeast

a. 金絲 / b. 緑黄油 / c. 潤結 / d. 伽羅

白皮系ではあるが、表面の繊維が糸状に細く揃っていて、金糸のように見える。

7

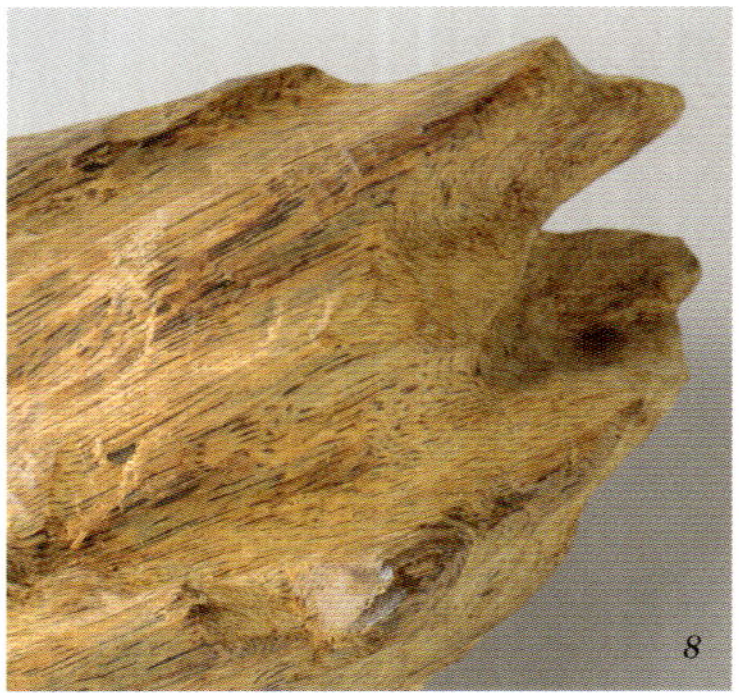

8

8.
ベトナム ラムドン省 北部
Vietnam Lam Dong North

a. 金皮 / b. 緑黄油 / c. 密結 / d. 伽羅

この個体は樹脂が緊密に溜まっていて、重い。

9

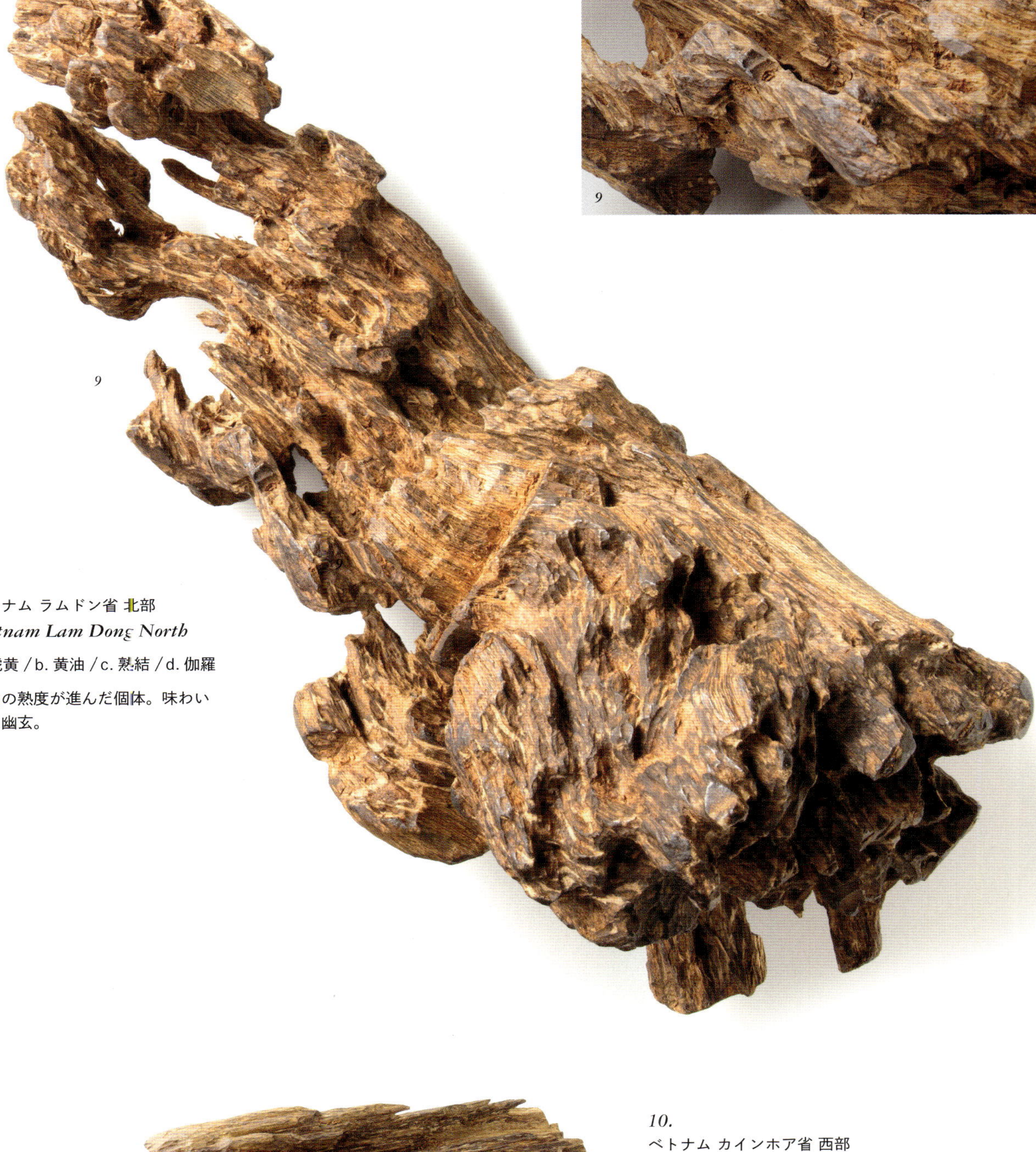

9

9.
ベトナム ラムドン省 北部
Vietnam Lam Dong North

a. 虎黄 / b. 黄油 / c. 熟結 / d. 伽羅

緑油の熟度が進んだ個体。味わい深く幽玄。

10

10.
ベトナム カインホア省 西部
Vietnam Khanh Hoa West

a. 黄茶皮 / b. 黄油 / c. 密結 / d. 伽羅

新しく樹脂が出てきている。ただし、このような状態の緑油部分の粘度は低い。

茶・赤伽羅系

緑・黄の熟度が進むと、樹の繊維は柔軟性が弱くなり、樹脂も少し硬くなる。香りは苦味が増し、落ち着いてくる。

11.
ベトナム ダクラク省 東南部
Vietnam
Dak Lak Southeast

a. 茶皮 / b. 茶黄油 / c. 熟結 / d. 伽羅

黄皮系ではあるが、少し茶色っぽくなっている。質感・香りともにどっしりとしている。断面部も白くならない。

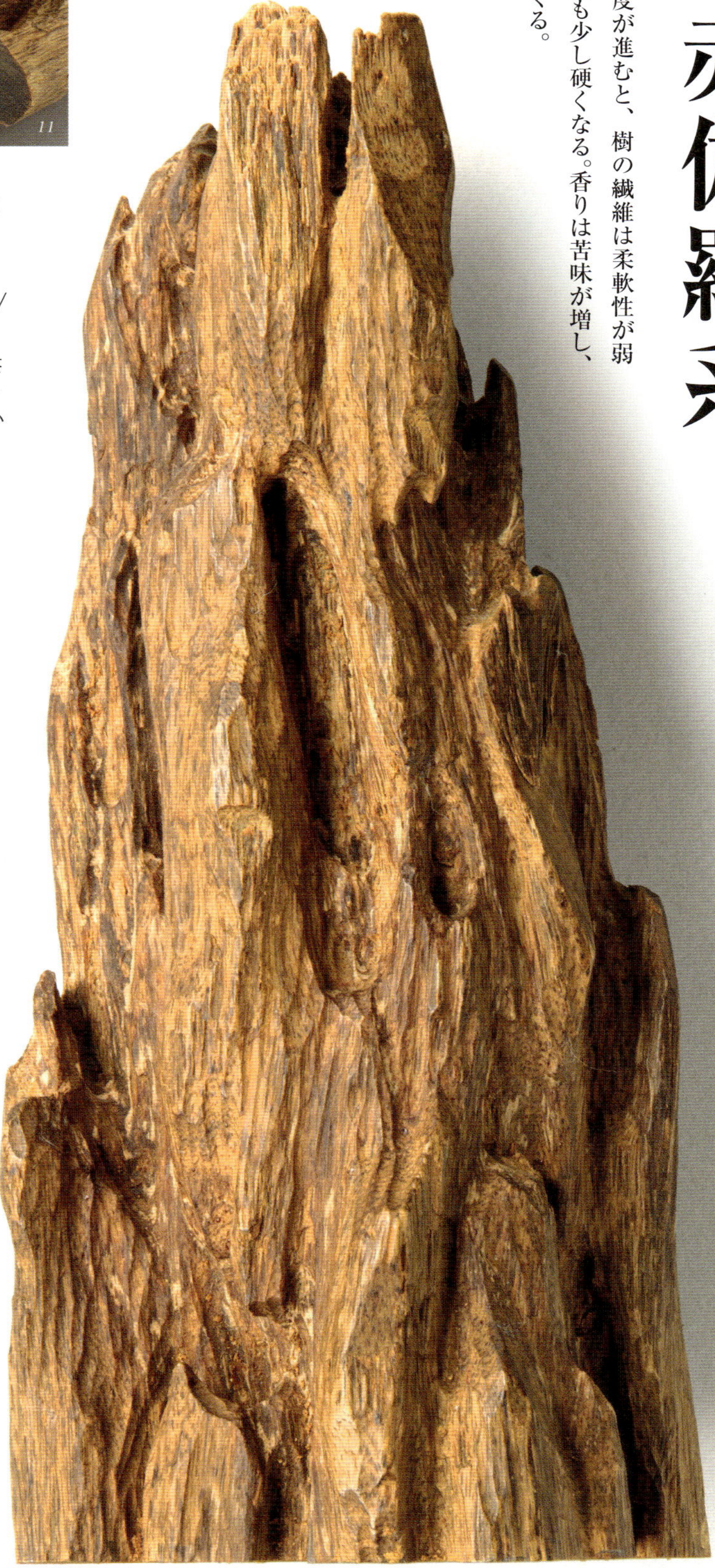

11

13

13.

ベトナム ジアライ省 南部

Vietnam Gialai South

a. 白皮 / b. 白黄油 / c. 密結 / d. 伽羅

この個体は樹脂は十分あるが、断面は緑黒色ではなく、表面と同じ白黄色。香りは清らに気高い。

12

12.

ベトナム コントゥム省 南部

Vietnam Kon Tum South

a. 赤茶皮 / b. 茶黄油 / c. 熟結 / d. 伽羅

表皮はさらに濃くなってくる。飴色。粘度は中間程度。

14

14.

ベトナム ダクラク省 北部

Vietnam Dak Lak North

a. 赤奇皮 / b. 赤黄油 / c. 熟結 / d. 伽羅

この個体は、樹脂が時間をかけて蓄積された。表面は変化に富み、香りは多彩。

14

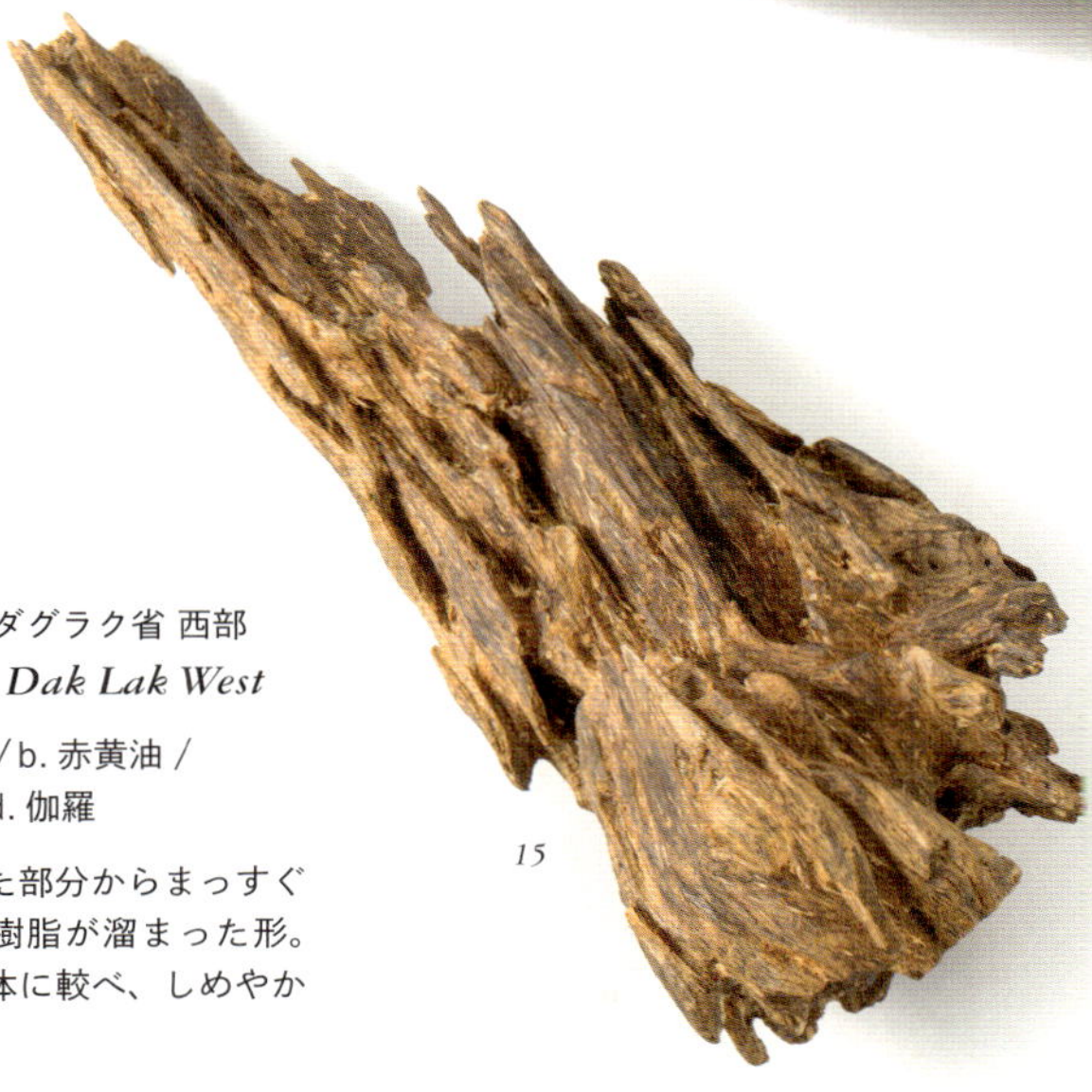

15

15.

ベトナム ダグラク省 西部

Vietnam Dak Lak West

a. 赤茶皮 / b. 赤黄油 / c. 密結 / d. 伽羅

枝の折れた部分からまっすぐに内側に樹脂が溜まった形。幹部の個体に較べ、しめやかに香る。

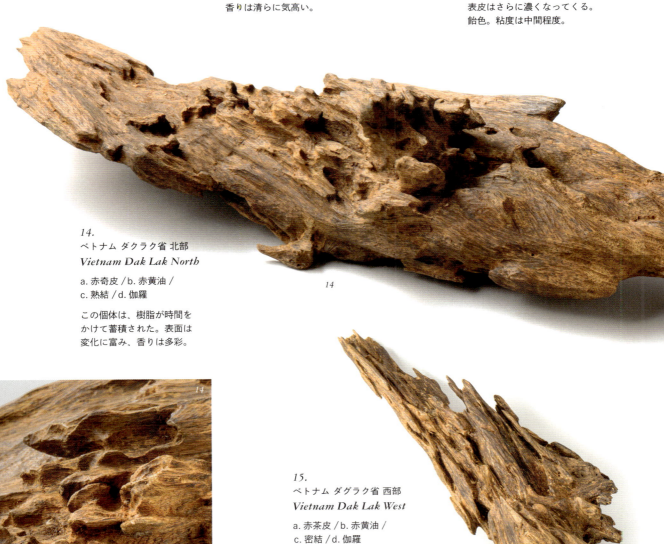

紫・黒伽羅系

樹の成長が止まると、内側の樹脂は徐々に硬化が進み、色も濃くなってくる。香りはより繊細になって、透明感が増す。

16.
ベトナム カインホア省 西部
Vietnam Khanh Hoa West

a. 鷓斑 / b. 黄紫油 / c. 熟結 / d. 伽羅

最初に樹脂がついた中心部はすでに紫変している。周辺部の黄緑部は中心部にかなり遅れて樹脂が結ばれた。部分により香りが異なる。

16

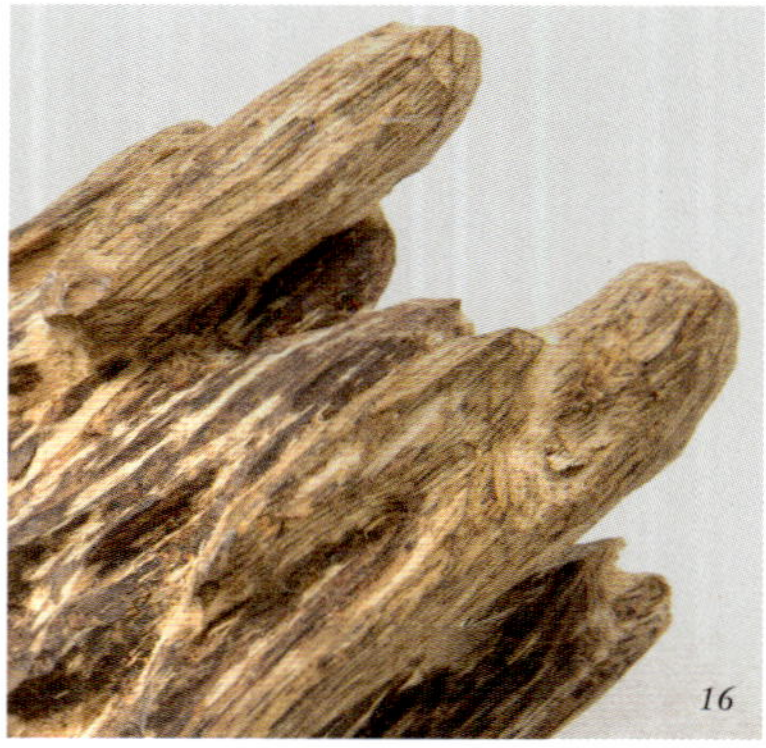

16

17.
ベトナム ダクラク省 南部
Vietnam Dak Lak South

a. 奇皮 / b. 紫油 / c. 熟結 / d. 伽羅

樹脂の溜まりが遅く、表面が複雑化している。山の北の斜面に生育した樹内に稀に発生する。

17

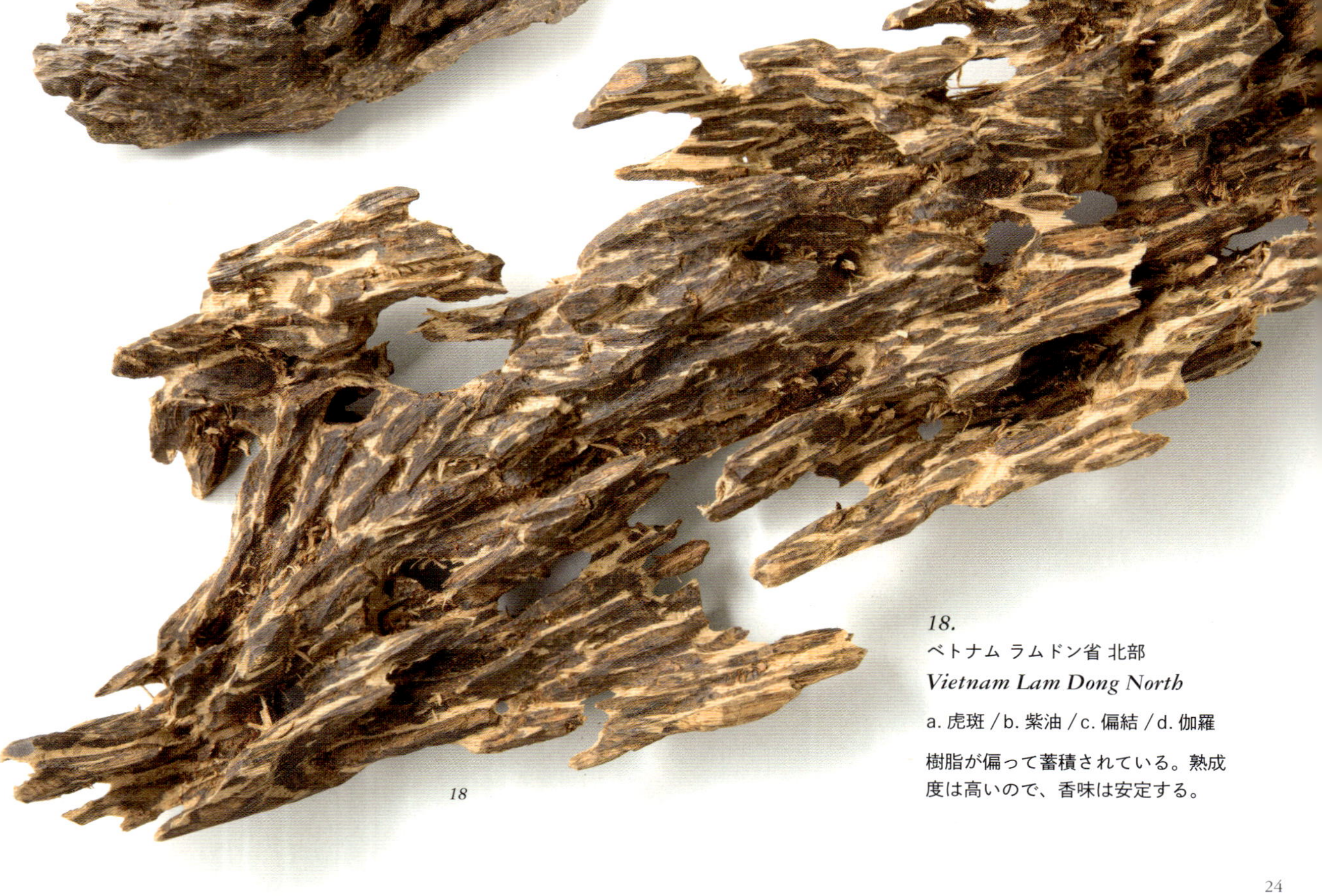

18

18.
ベトナム ラムドン省 北部
Vietnam Lam Dong North

a. 虎斑 / b. 紫油 / c. 偏結 / d. 伽羅

樹脂が偏って蓄積されている。熟成度は高いので、香味は安定する。

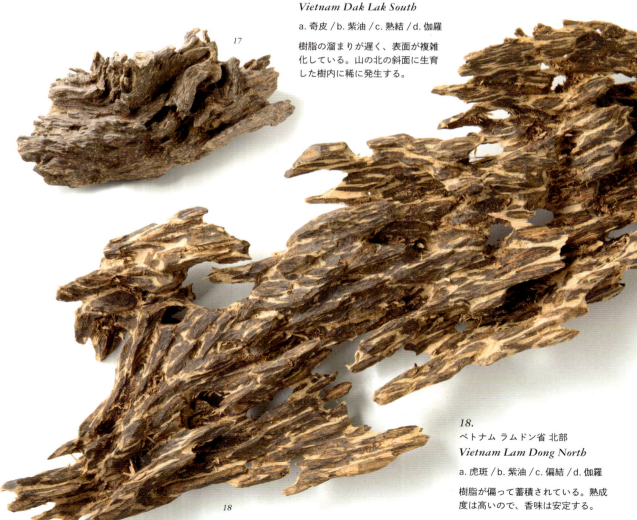

19

19.

ベトナム ラムドン省 北部

Vietnam Lam Dong North

a. 鷓斑 / b. 黒油 / c. 聚結 / d. 伽羅

これは樹脂の溜まりが遅く少ないタイプで、先端部は鋭角になる。この個体は早い段階から黒くなっていたようだ。

20

20.

ベトナム カインホア省 西部

Vietnam Khanh Hoa West

a. 茶皮 / b. 黒泊 / c. 密結 / d. 伽羅

茶系から黒くなっていく段階。この個体は樹脂が十分溜まっていて、重量感がある。

21

21.

ベトナム ダクラク省 西部

Vietnam Dak Lak West

a. 老虎 / b. 鉄油 / c. 熟結 / d. 伽羅

代表的な鉄油。さらに硬化した状態。香りは重厚。

その他の伽羅

伽羅には多くの種類があり、明確な定義はない。ここでは広い意味では伽羅に入るとされるものを紹介する。

22.
ベトナム ダクラク省 東部
Vietnam Dak Lak East

a. 花紋 / b. 黄油 / c. 聚結 / d. 伽羅

外観が花弁を重ねたようなので、単純に花伽羅と呼んでいる。樹皮が一部見えるが、枝の部分全体に樹脂が溜まったと考えられる。幹と枝では樹内の環境が違うことがわかる。

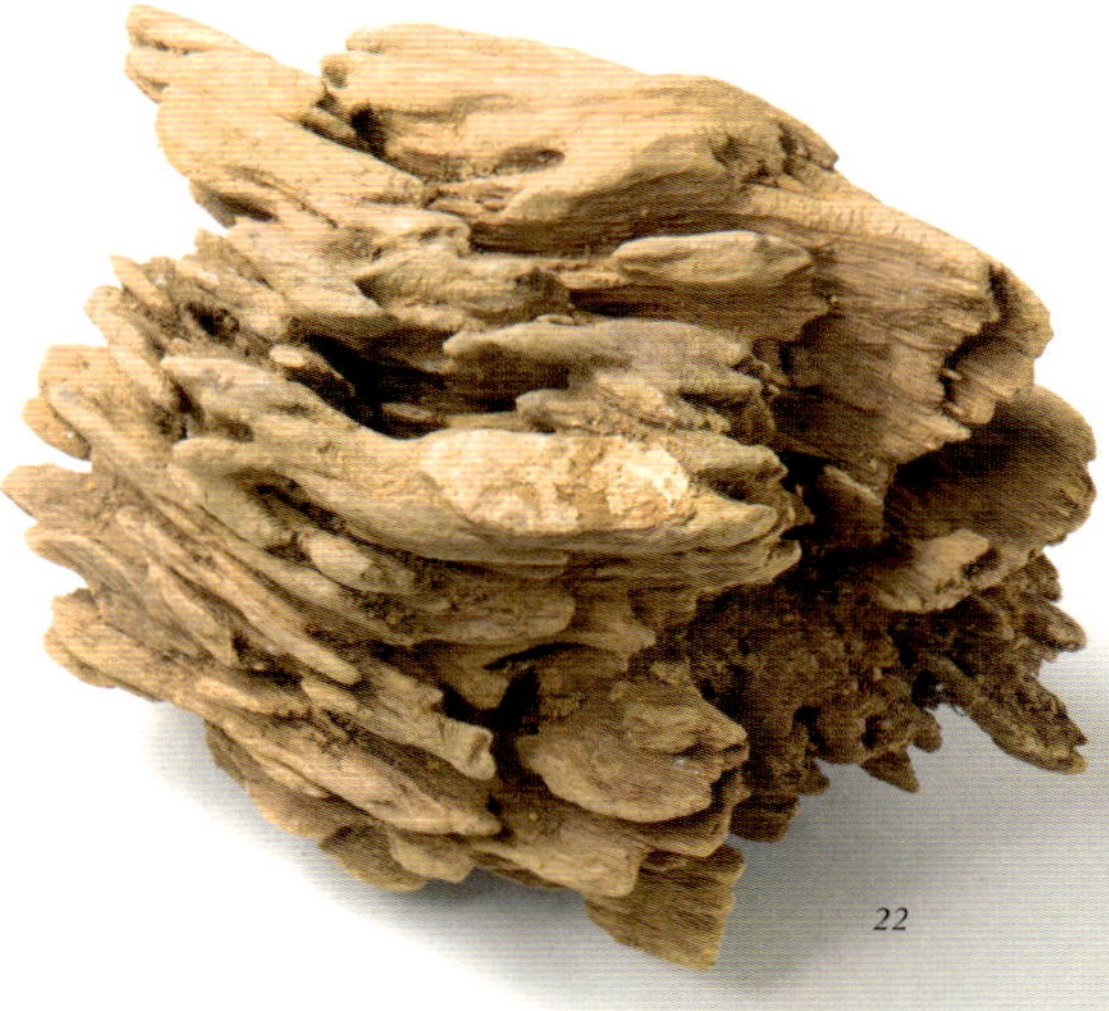

22

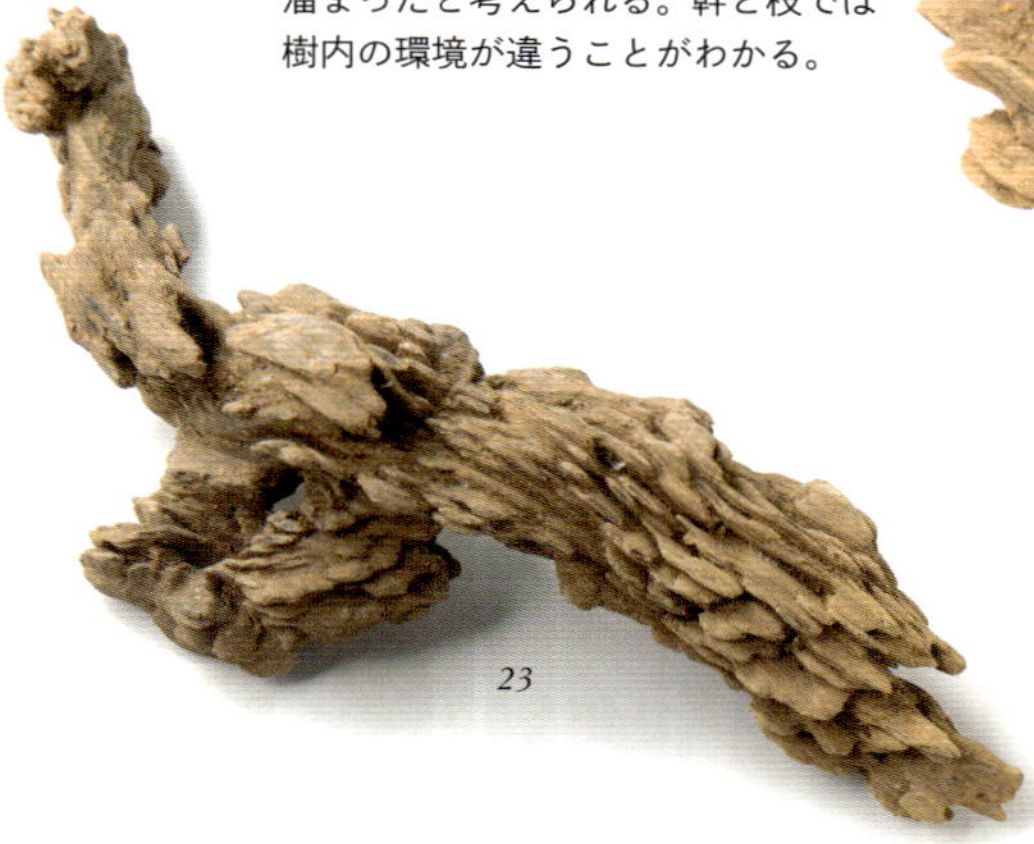

23

23.
ベトナム ダクラク省 北部
Vietnam Dak Lak North

a. 花紋 / b. 茶黄油 / c. 聚結 / d. 伽羅

22と同じく花伽羅で、粘度は高くなく、香りは軽快。時間をかけて先端部まで樹脂が蓄積されている。そのぶん、少し硬い。

24

24.
ミャンマー 東部
Myanmar East

a. 茶皮 / b. 黒油 / c. 聚結 / d. 伽羅

タイに近いミャンマーの個体。現地では伽羅と称されるが、日本での基準には達していない。

25

25.
ベトナム ラムドン省 北東部
Vietnam Lam Dong Northeast

a. 奇肉 / b. 茶油 / c. 偏結 / d. 伽羅

この個体は、下部に樹脂が溜まってからかなり後に、さらに上部に溜まった状態。下部は損傷部、上部は病変部と思われる。当然香りも異なる。

26.
ラオス 東部
Laos East

a. 茶皮 / b. 黄油 / c. 偏結 / d. 伽羅

ラオスとベトナムの間にある安南山脈で採取された個体。これも現地では伽羅と称しているが、そのレベルではなく、樹脂も浅い。

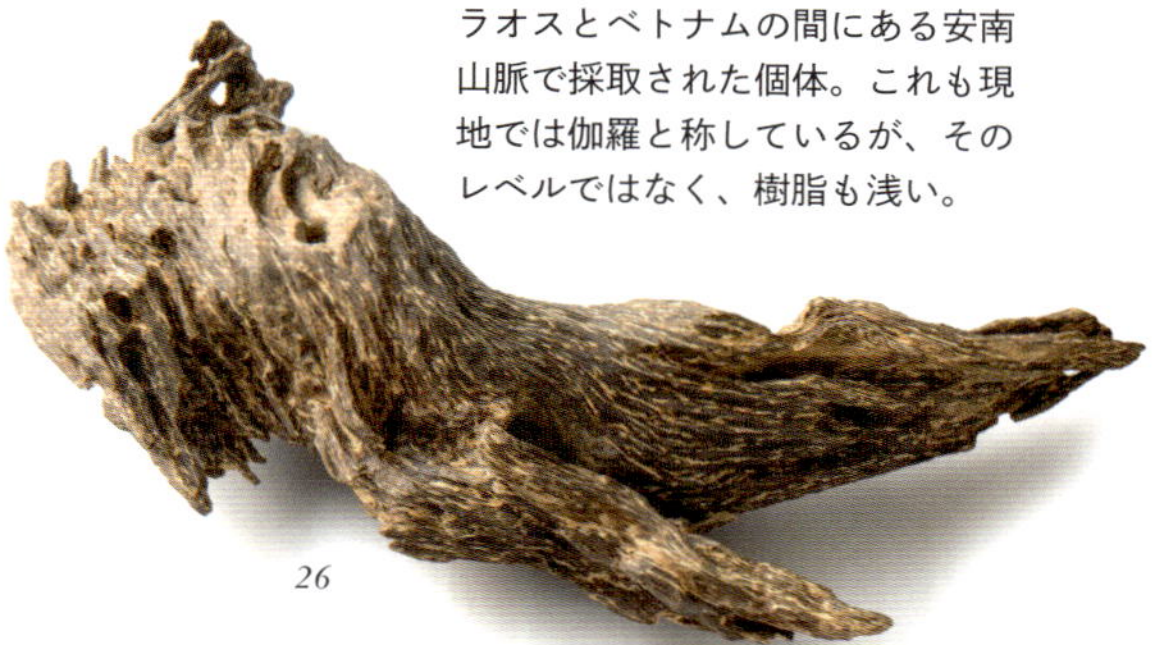

26

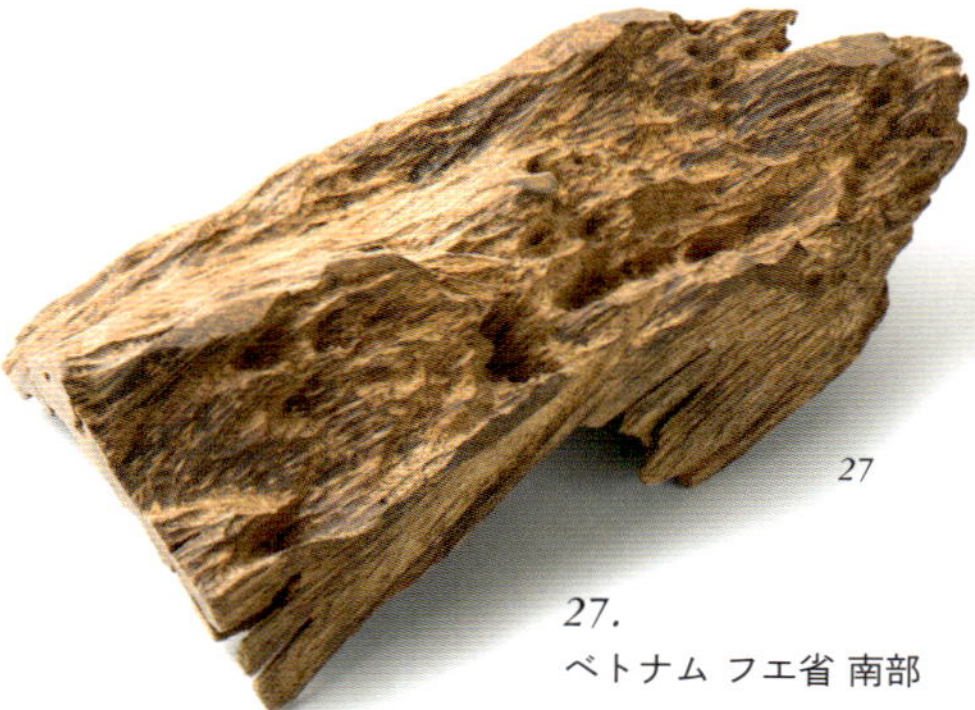

27

27.
ベトナム フエ省 南部
Vietnam Hue South

a. 茶皮 / b. 茶油 / c. 枯結 / d. 伽羅

伽羅としては、粘度が低く、沈香に近い。香りは比較的単調で鹹が立つ。

銘「松の千歳」木所は伽羅　味は苦酸鹹

香木に銘をつけることは、中世より行なわれていた。鎌倉末期に婆娑羅《ばさら》大名と呼ばれた佐々木道誉は、大原野の花会で一斤の名香を炷き上げたといわれるが、多くの所持香木に銘をつけ、それが足利氏に引き継がれ、義政公時代の香道発祥につながったとされる。以来、時の権力者が多くの香木に銘をつけてきたが、現在では主に香道家元が様式に則って行われる。

銘「まがきの梅」木所は伽羅　味は酸苦辛

28.
ベトナム クアンナム省 西部
Vietnam Quang Nam West

a. 馬蹄 / b. 黄油 / c. 密結 / d. 伽羅

馬蹄形は、外気との接触箇所が大きく、通常は伽羅としての糖度の高い樹脂は溜まりにくい。このような個体は稀である。

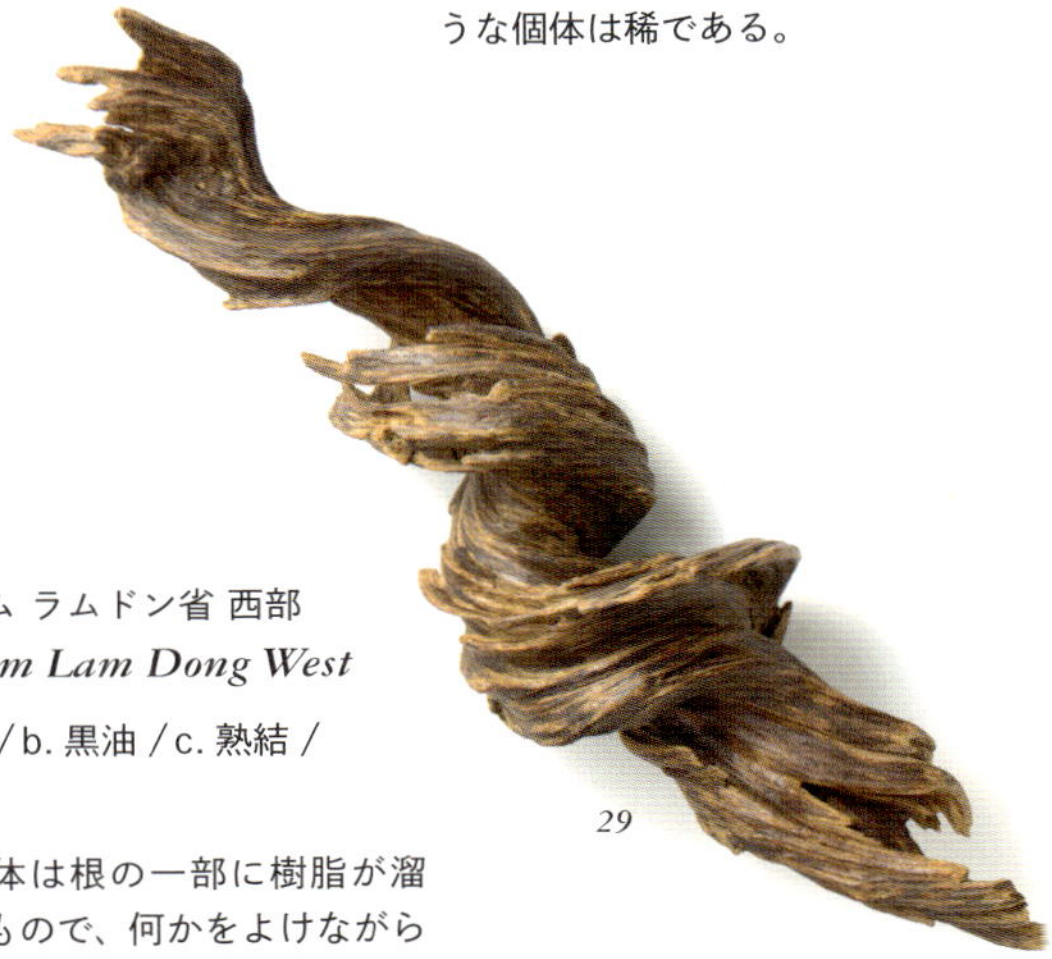

29.
ベトナム ラムドン省 西部
Vietnam Lam Dong West

a. 螺状 / b. 黒油 / c. 熟結 / d. 伽羅

この個体は根の一部に樹脂が溜まったもので、何かをよけながら損傷しつつ伸びた部分と思われる。見事に螺旋状になっている。

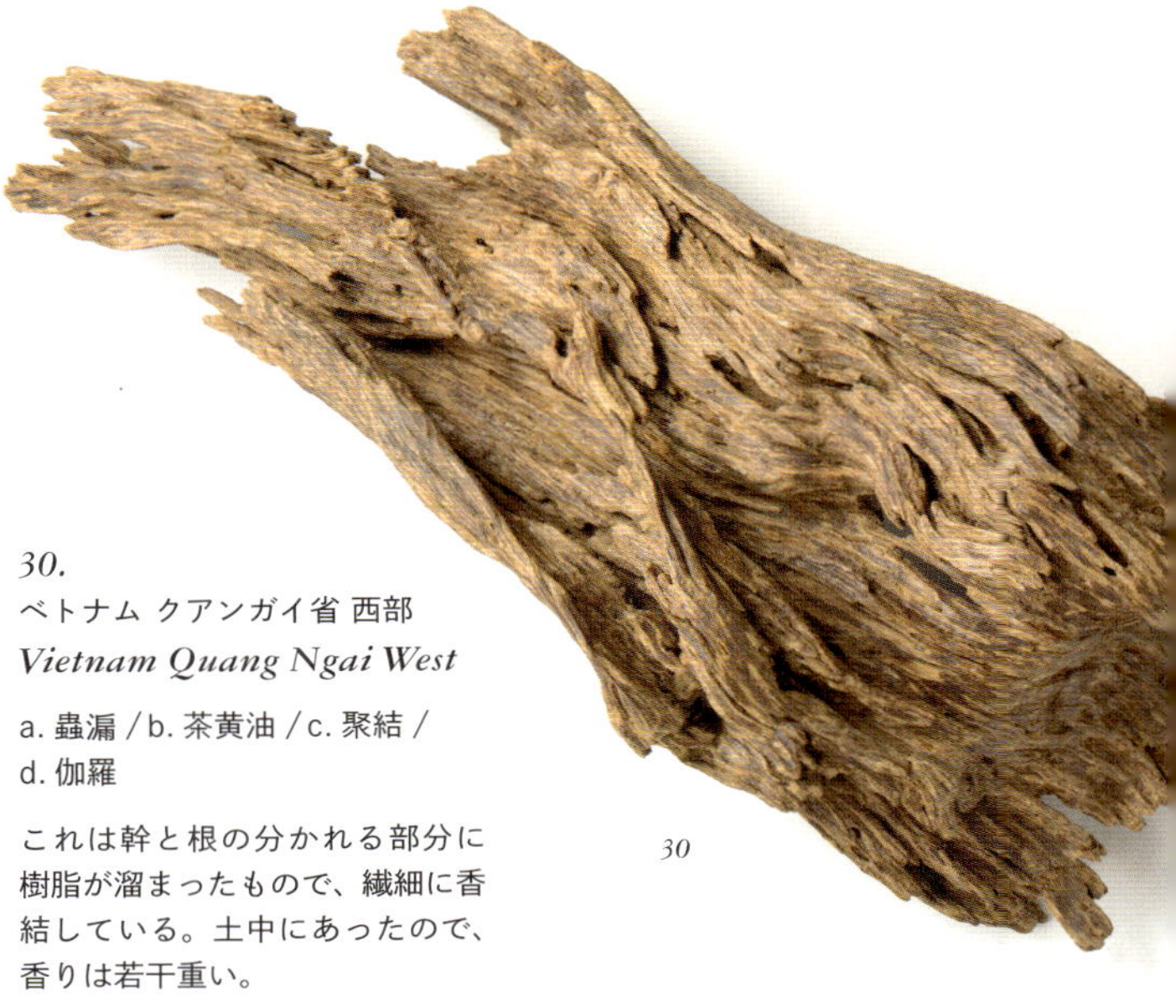

30.
ベトナム クアンガイ省 西部
Vietnam Quang Ngai West

a. 蟲漏 / b. 茶黄油 / c. 聚結 / d. 伽羅

これは幹と根の分かれる部分に樹脂が溜まったもので、繊細に香結している。土中にあったので、香りは若干重い。

沈《じん》香《こう》

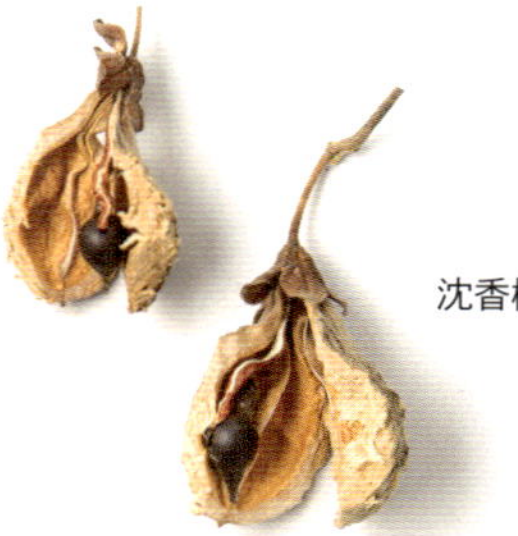

沈香樹の種子

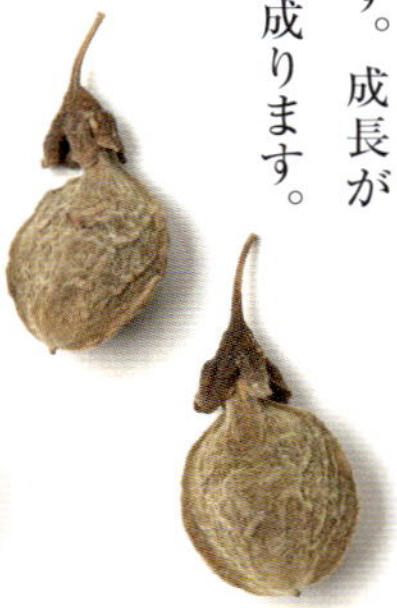

沈香樹の標本

沈香樹は、アガローカ（agallocha）やマラクセンシス（maraccensis）、クラスナ（crassna）やシネンシス（sinensis）など十数種といわれるアキラリア属と、数種と考えられるジリノプス属に分かれる、とされていますが、詳細は不明です。そしてこのような植物学的分類は、実際の香りの分類においては、あまり必要はないといえます。

　写真は沈香樹の種子と、幹を伐採したもの。種は鈴のような結実の中に一〜三個入っています。成長が早く、苗から数年で実が成ります。樹木としては軟弱で、傷ができやすく、象などが通るとすぐに枝が折れたりします。ベトナムではケイジオ（風の木）とも呼んでいます。

　下は沈香樹の古図で、中国から伝わったか、日本での想像図か定かではありませんが、かなり正確な描写がなされています。このように沈香樹の一部が傷つき、あるいは病変すると、樹脂が樹内に滲出します。その樹脂が溜まった部分を伐採するか、自然に枯れて樹脂のある部分だけが残るか、いずれにしてもその塊を採取し、樹脂のないところをさらに削り取ると、沈香と呼ばれる香材になります。樹脂が樹内に蓄積されるのが特徴で、そのため樹脂は樹の繊維とともに長期間熟成され、香味が増してゆきます。

　地図の通り、沈香樹は東南アジアを中心に分布しています。かつて同じような気候の南米やアフリカで、時間をかけて調査しましたが、沈香樹はありませんでした。たとえ移植したとしても、おそらく樹は育っても香りを結ぶことはないと思われます。

伝書に描かれた沈香樹

※以下の図鑑頁では各産地の代表的な沈香を紹介しているが、それは採取されるものの一例であり、他の種類も存在する。

沈香・伽羅が採れる主な地域

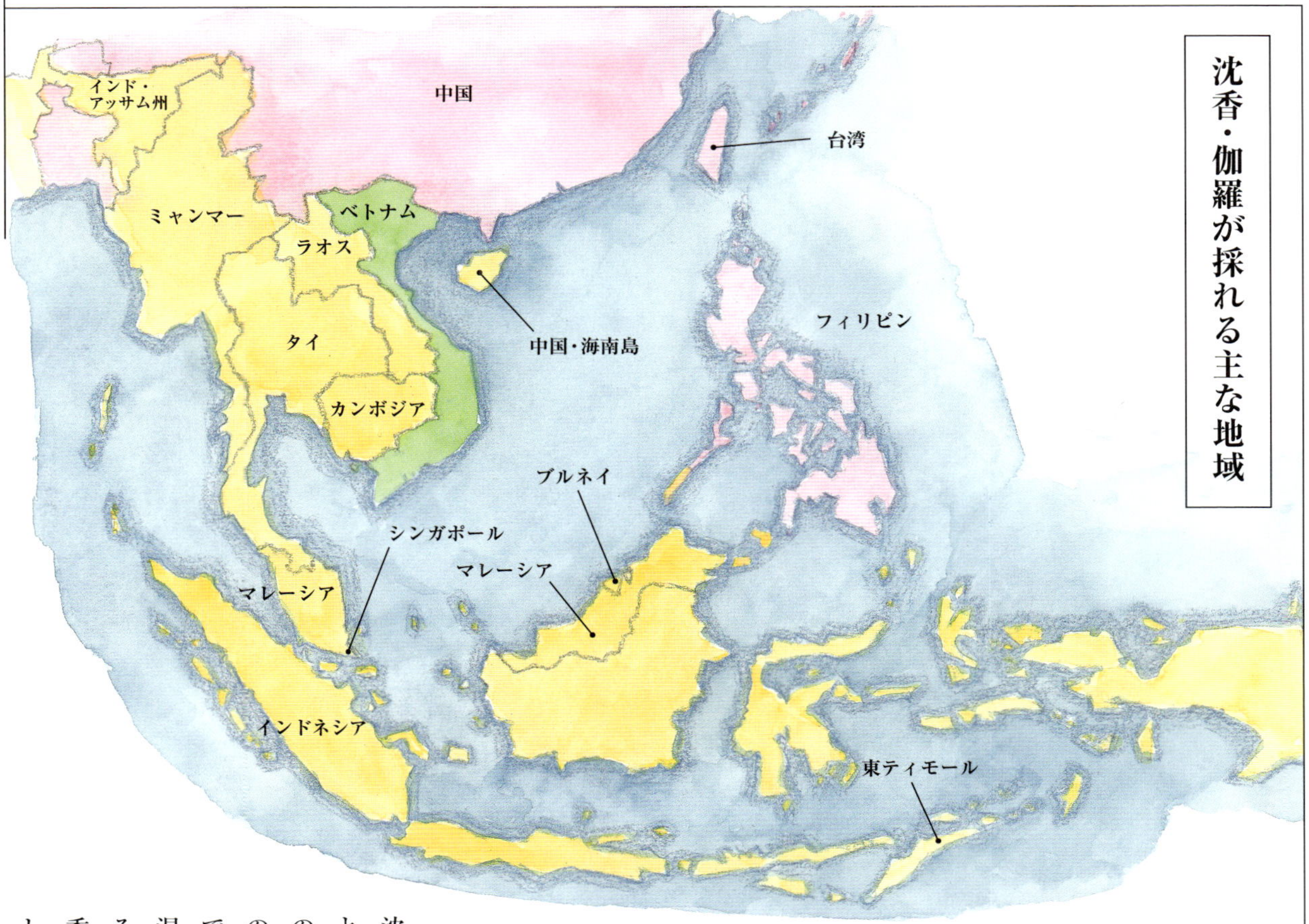

沈水香の採れる地域は、フィリピンの一部と東南アジア諸国ほぼ全域である。上地図の黄色および緑部分の地域で、西はインドのアッサム地方から東はニューギニアまでの広い範囲。基本的に赤道周辺の高温多湿地帯である。ただし、沈水香の原木である沈香樹はさらに広く自生する。つまり沈香樹は、気候風土やその他の諸条件が合致しないと、樹内に樹脂を結べないのである。１０００メートル前後の高原地帯で、朝露の立つ高湿度の地域、これが条件の一つであるが、他の要素の多くは不明である。ベトナムには特に良質の沈水香を産するが、採取の中心は右地図のオレンジ色の地域であった。地球温暖化が進み、やがて沖縄あたりでも沈香樹が自生可能になるかもしれないが、樹脂が沈着して香りを結ぶかどうかはまた別のことである。

ベトナムでの主な沈香・伽羅産出地域

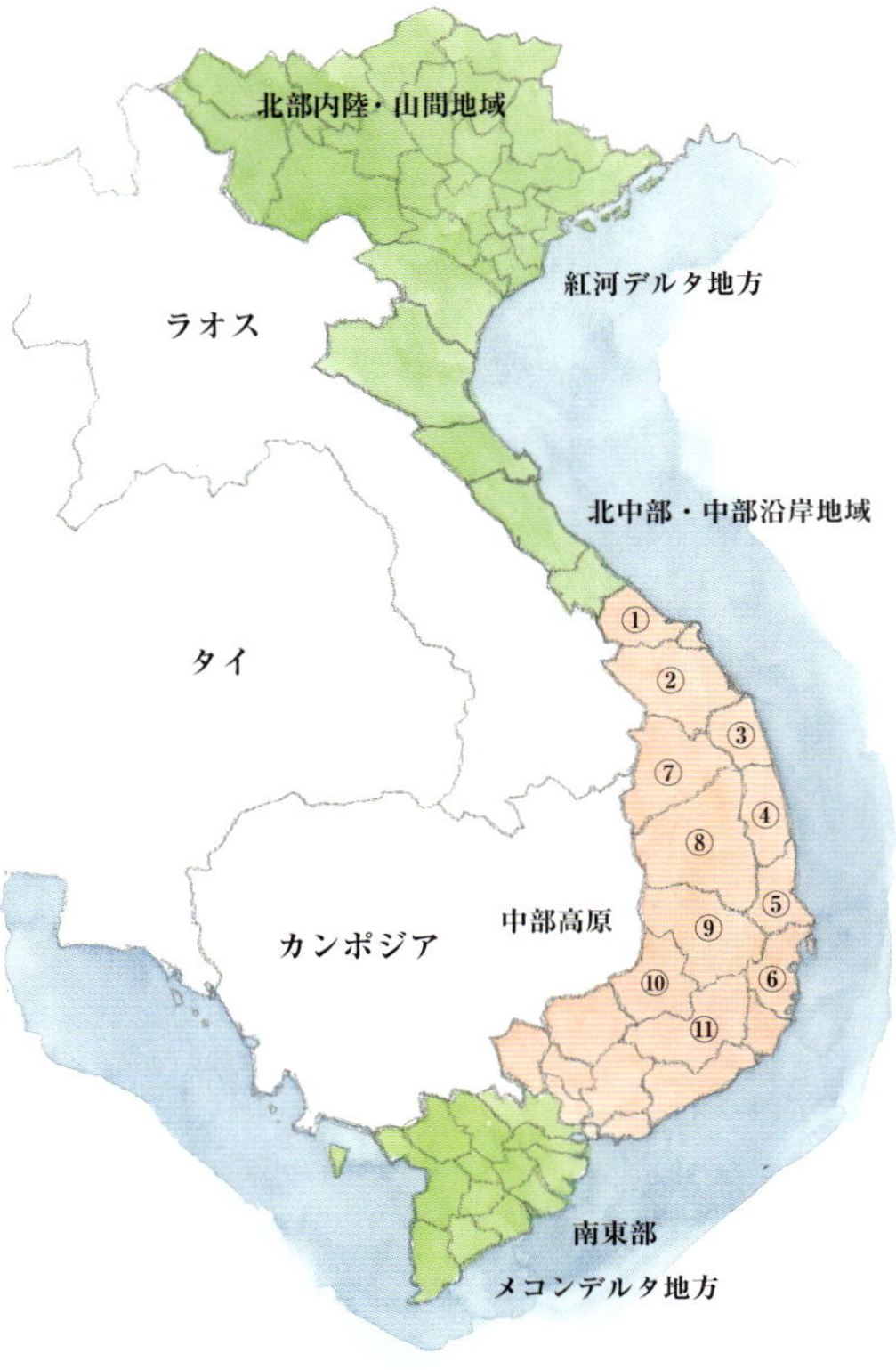

本書で紹介の香木産地

① フエ
② クアンナム
③ クアンガイ
④ ビンディン
⑤ フーイェン
⑥ カインホア
⑦ コントゥム
⑧ ジアライ
⑨ ダクラク
⑩ ダクノン
⑪ ラムドン

ベトナムⅠ

ベトナムでの沈香良質品の産出は、中部高原地域（タイグエン）が主体となっている。

31

31.
ベトナム ダクラク省 西部
Vietnam Dak Lak West

a. 蟲漏 /c. 聚結 /d. 沈香

虫穴を囲むように香結している。このタイプは主に刻み加工して使用する。

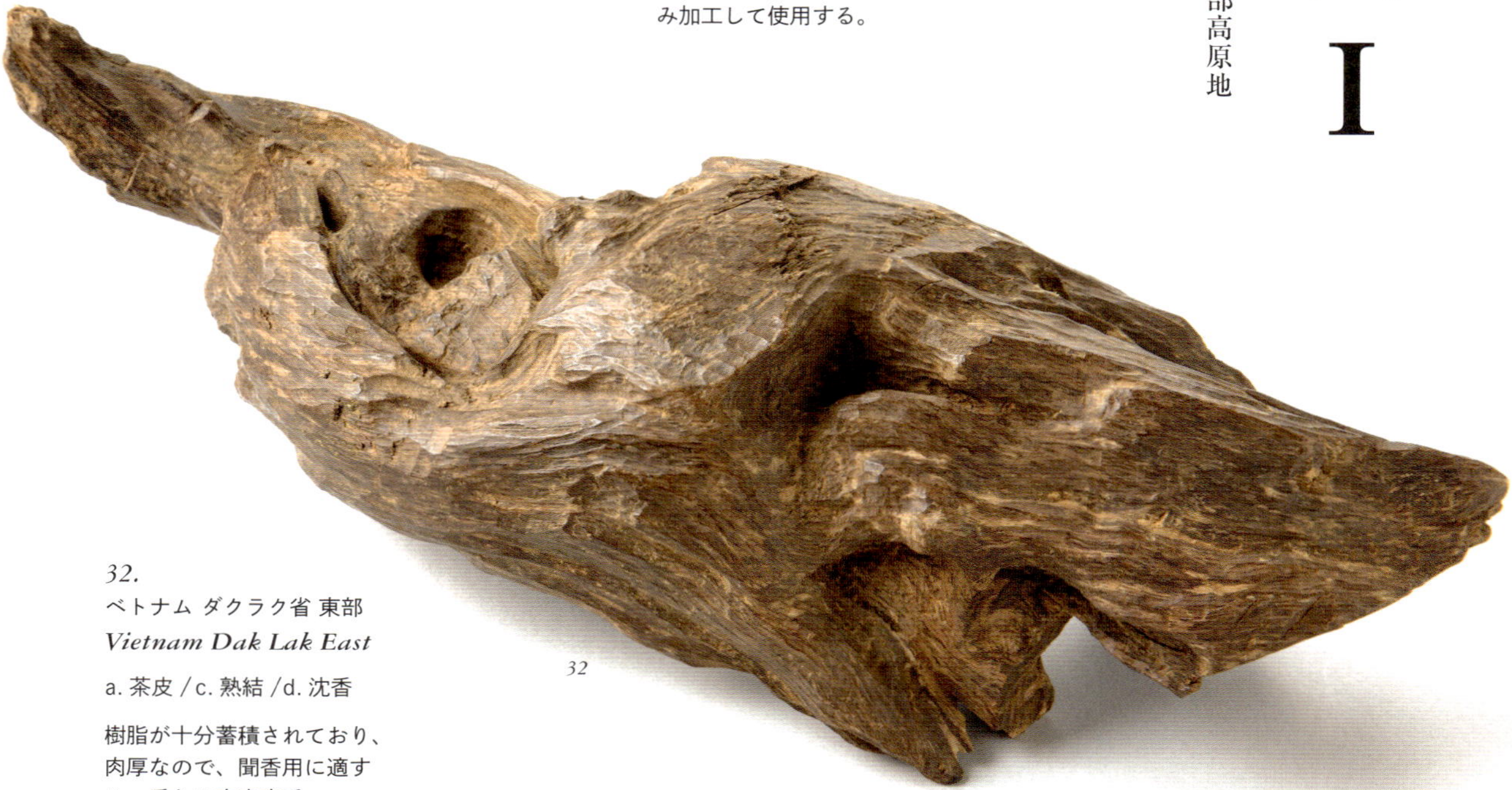

32

32.
ベトナム ダクラク省 東部
Vietnam Dak Lak East

a. 茶皮 /c. 熟結 /d. 沈香

樹脂が十分蓄積されており、肉厚なので、聞香用に適する。香りは真南蛮系。

33.
ベトナム ダクラク省 北部
Vietnam Dak Lak North

a. 黒皮 /c. 堅結 /d. 沈香

この個体も 32 同様に聞香用に適する。硬いが香りは真那賀系。

34

34.
ベトナム ダクラク省 南部
Vietnam Dak Lak South

a. 茶皮 /c. 熟結 /d. 沈香

根に近い部分ではあるが、軽快で涼やかな香り。表面は茶色だが切断面は黒色。

33

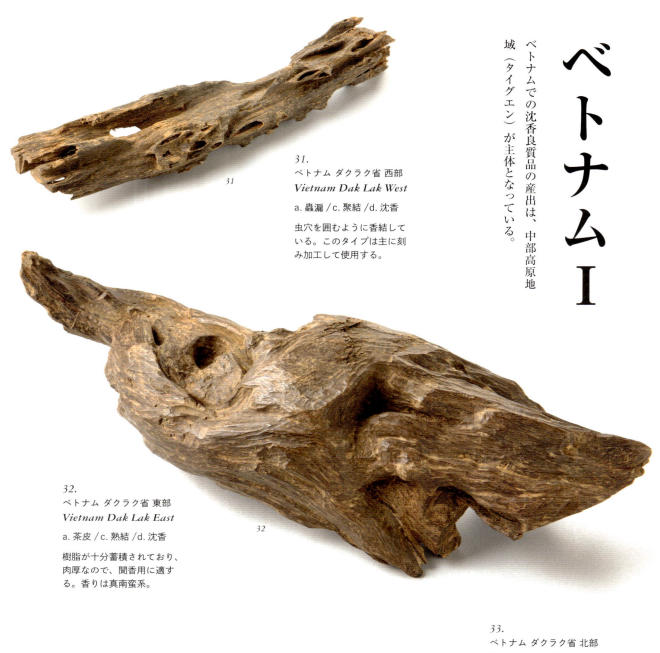

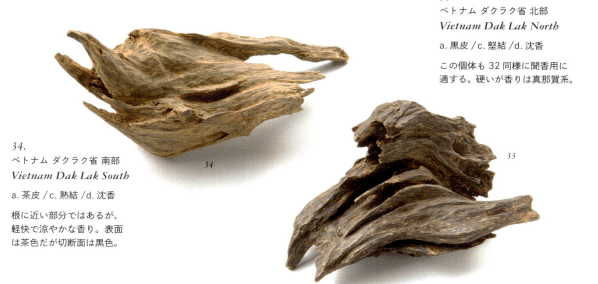

36

36.
ベトナム ダクラク省 南東部
Vietnam Dak Lak Southeast

a. 黒皮 / c. 熟結 /d. 沈香

この個体はゆっくり熟成した良質品。聞香に向く。羅国系。

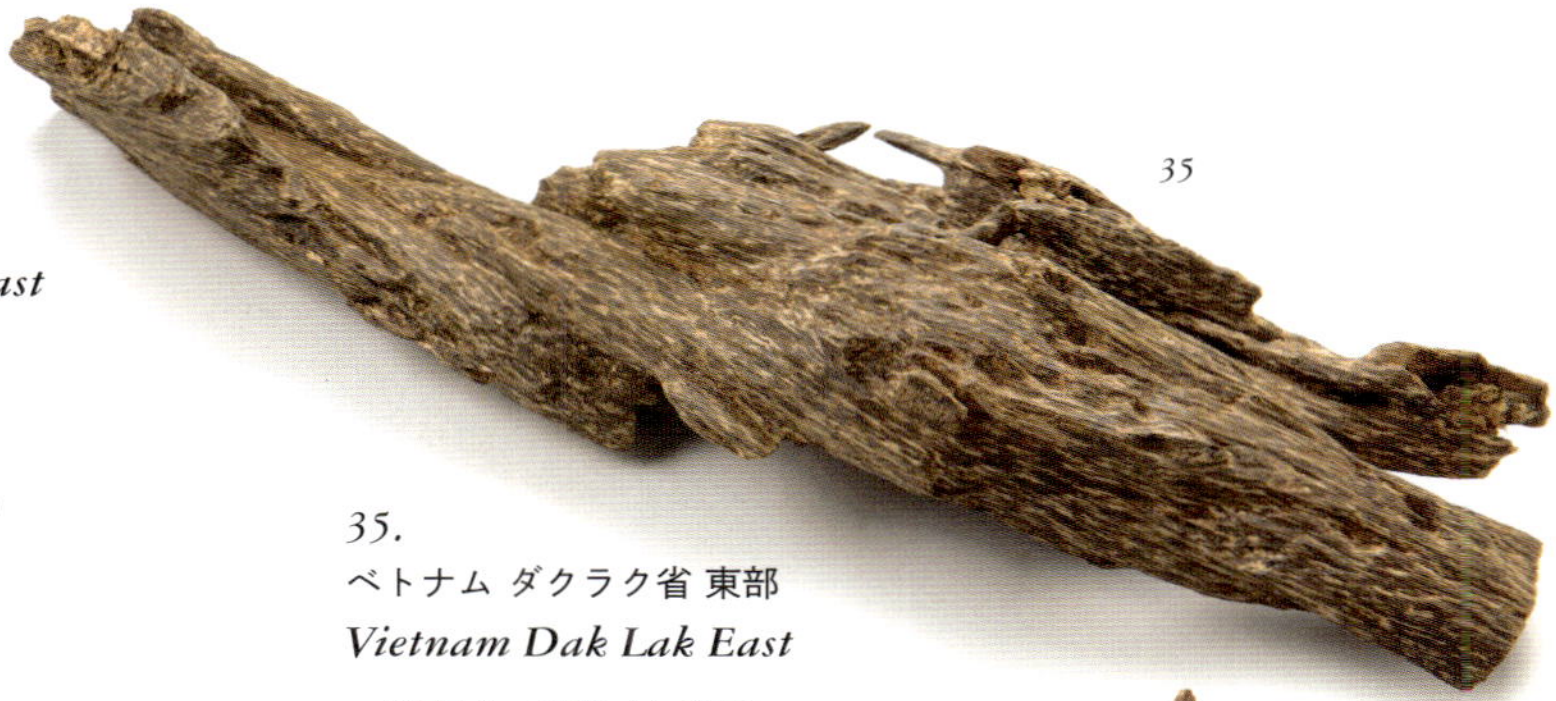

35

35.
ベトナム ダクラク省 東部
Vietnam Dak Lak East

a. 豹斑 / c. 枯結 /d. 沈香

細い枝に樹脂が薄く溜まった個体。清らかな香り。

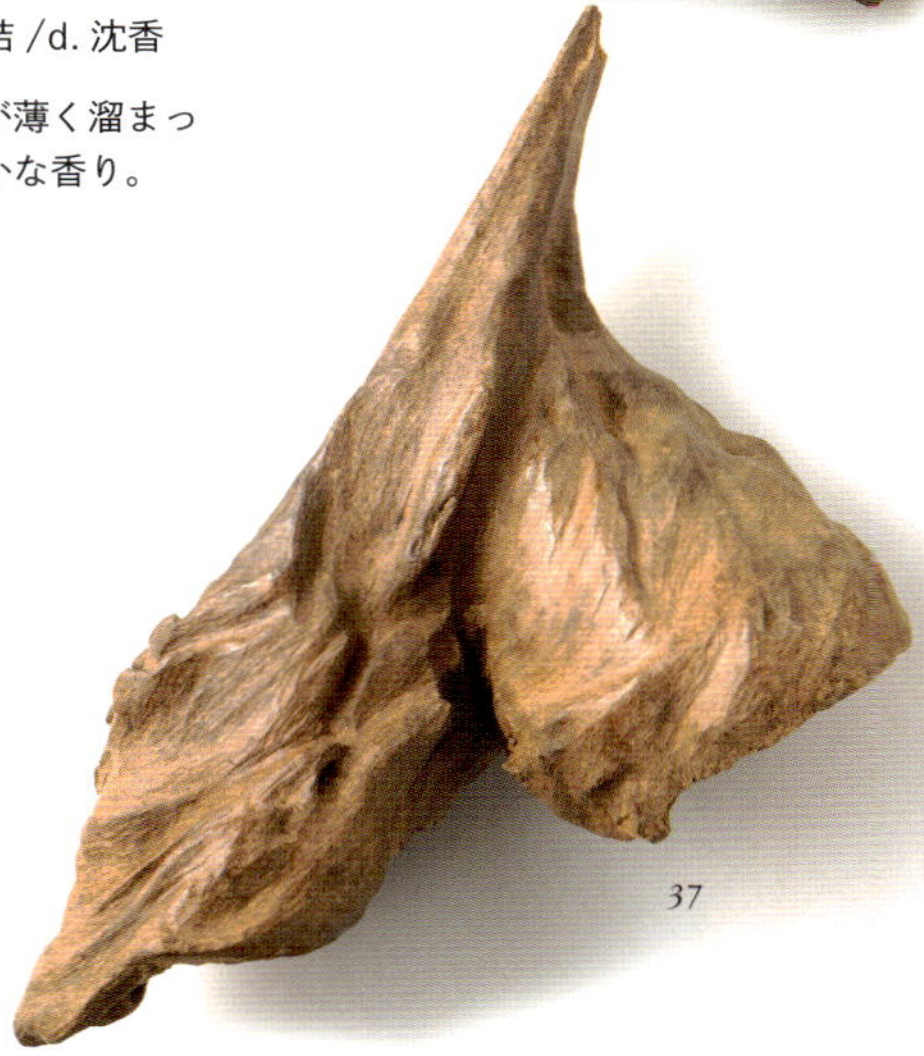

37

37.
ベトナム ジアライ省 中部
Vietnam Gialai Central

a. 黄皮 / c. 密結 / d. 沈香

枝の節の周辺に樹脂が溜まった個体。樹の繊維が入りくんだ場所なので聞香用への加工は難しい。

39.
ベトナム ジアライ省 北部
Vietnam Gialai North

a. 奇皮 / c. 聚結 / d. 沈香

形同様、香りも重層的である。真那賀系。

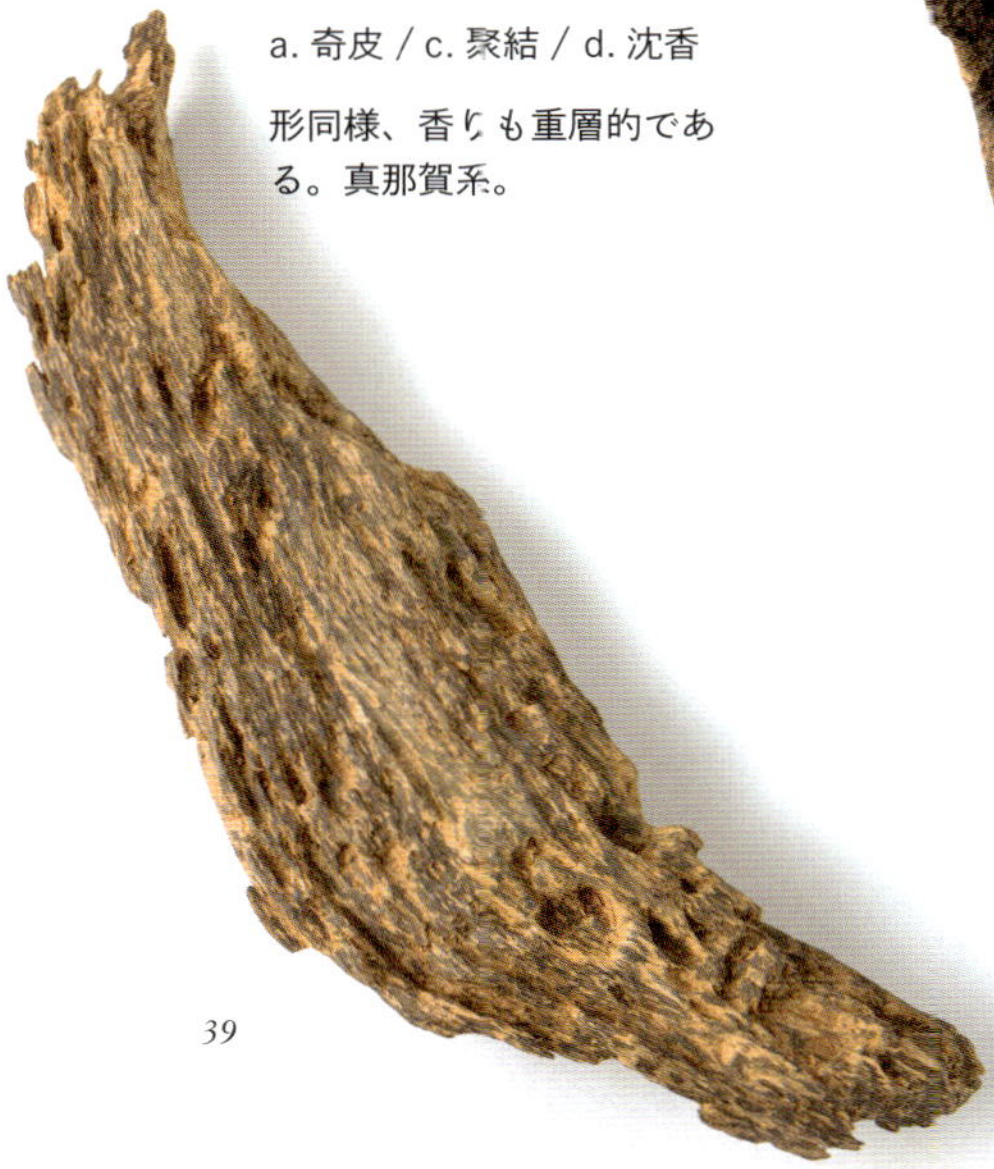

39

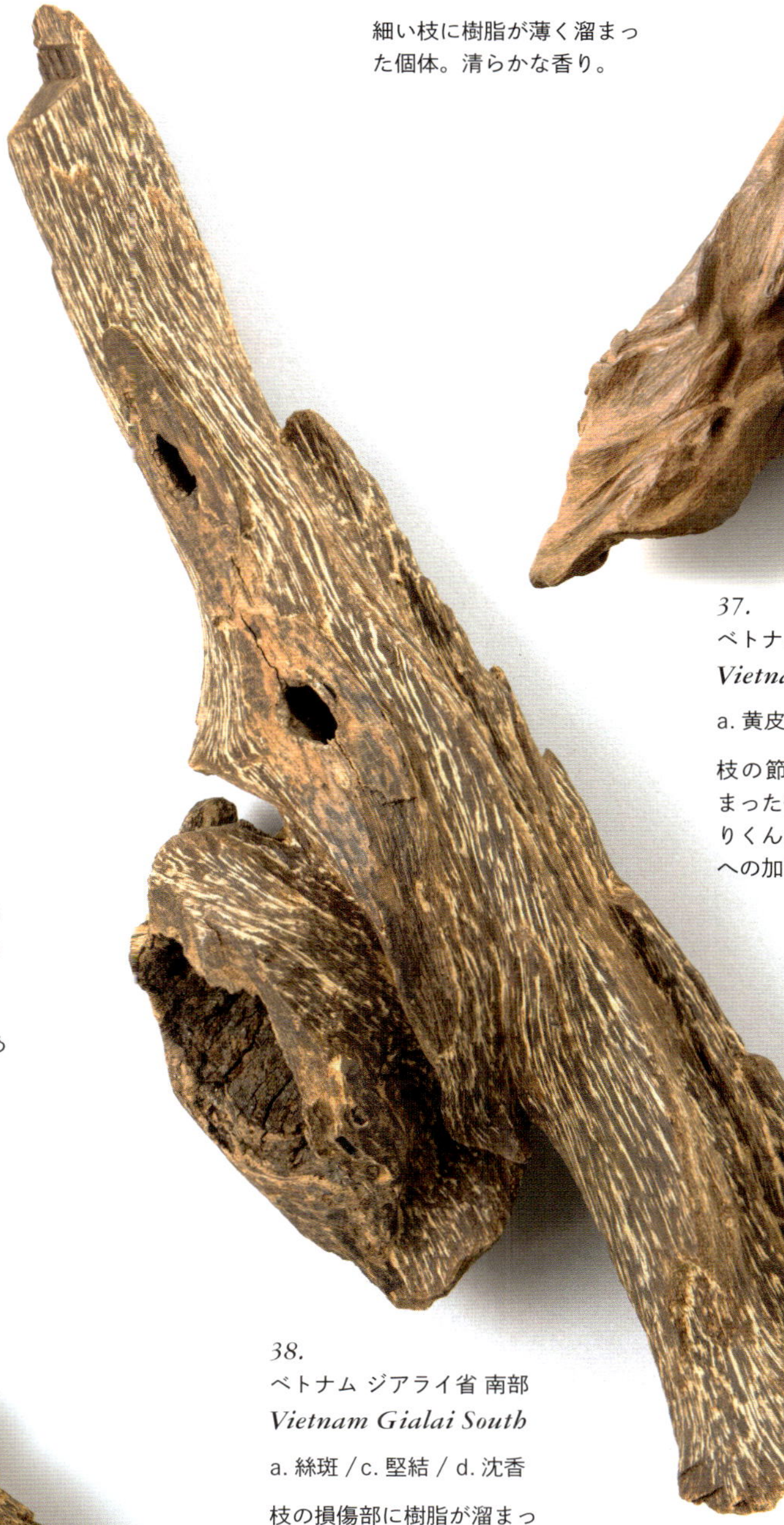

38

38.
ベトナム ジアライ省 南部
Vietnam Gialai South

a. 絲斑 / c. 堅結 / d. 沈香

枝の損傷部に樹脂が溜まっている。厚みがあり、聞香用に適す。香りは真那賀系。

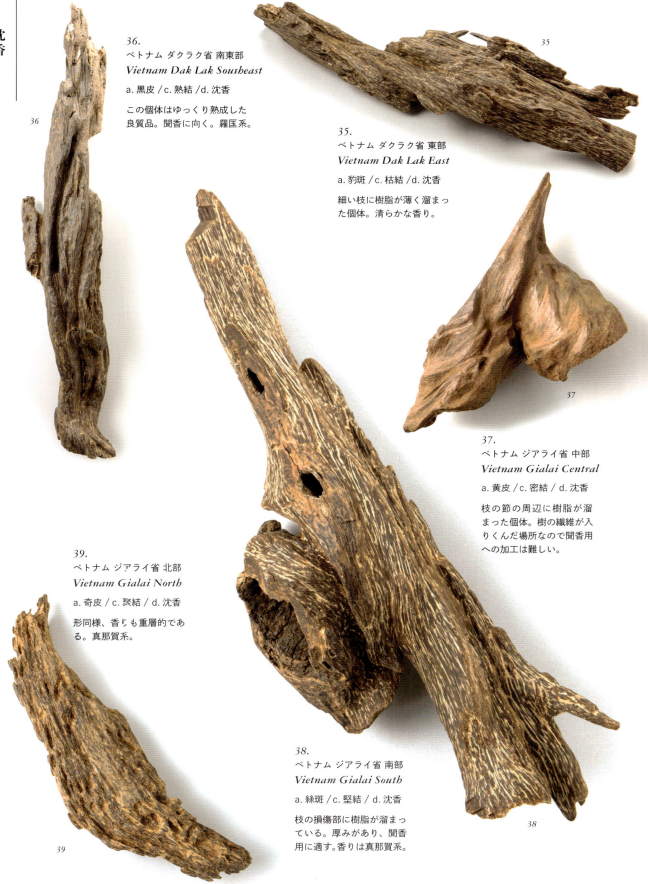

ベトナムⅡ

前項と同じく、中部高原地域に産出する沈香。この地域にはホーチミンルートがあったため、ベトナム戦争で大きな資源被害を受けた。

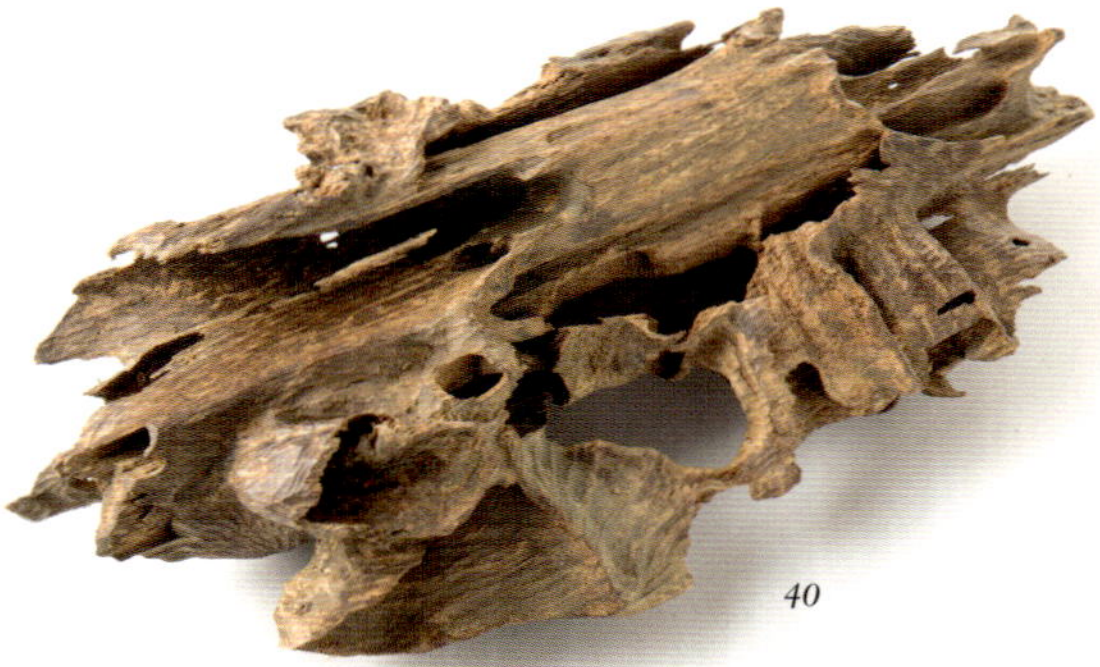

40

40.

ベトナム ジアライ省 南部

Vietnam Gialai South

a. 蟲融 / c. 聚結 / d. 沈香

複雑に樹脂が溜まった個体。樹脂のない部分が腐って、取り除かれるとこのような形になる。

41.

ベトナム コントゥム省 北部

Vietnam Kon Tum North

a. 螺皮 / c. 聚結 / d. 沈香

40同様に複雑に香結している。香りは酸味が立ち、羅国系。

41

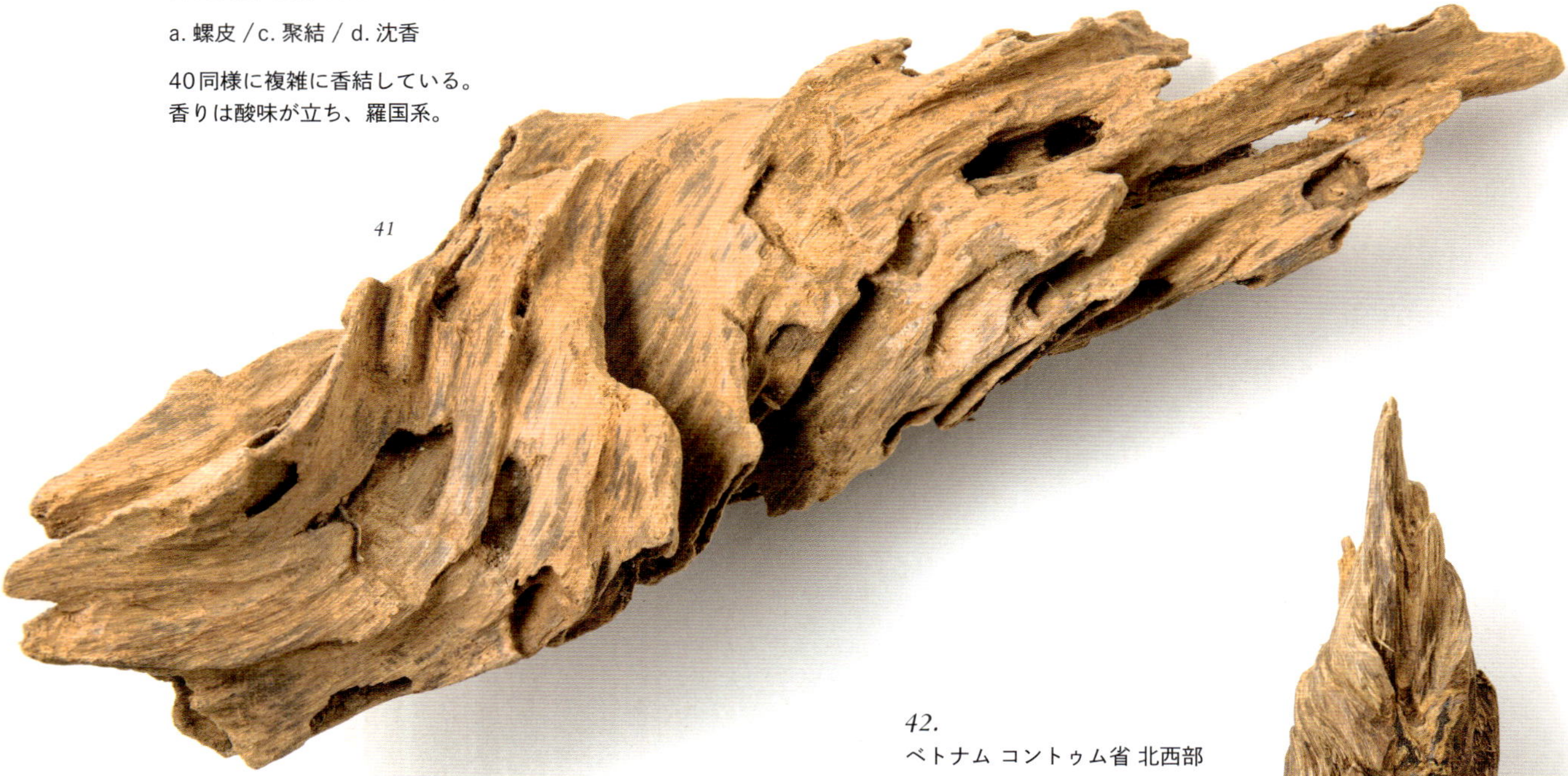

42.

ベトナム コントゥム省 北西部

Vietnam Kon Tum Northwest

a. 黄皮 / c. 密結 / d. 沈香

樹の損傷部の裏側。表皮の縦割れをカバーしている。

42

43

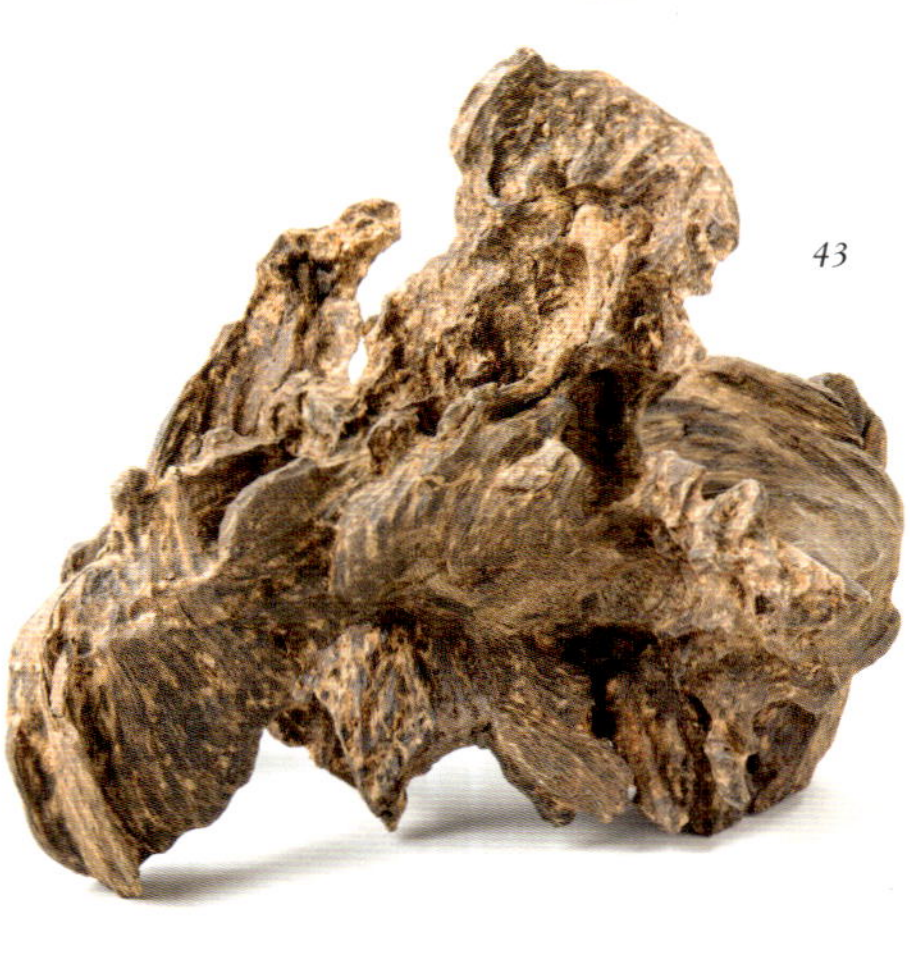

43.

ベトナム コントゥム省 西部

Vietnam Kon Tum West

a. 奇肉 / c. 聚結 / d. 沈香

42 同様に樹の損傷部に溜まった樹脂。傷の深い部分は樹脂が厚くなる。

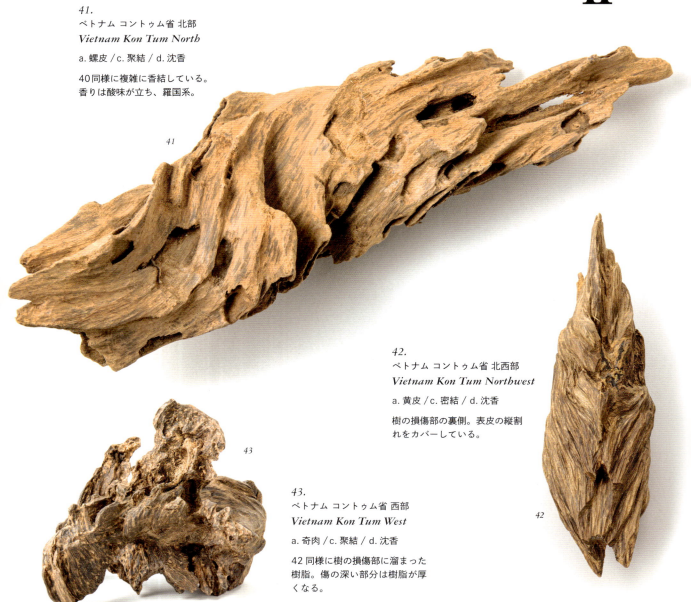

45

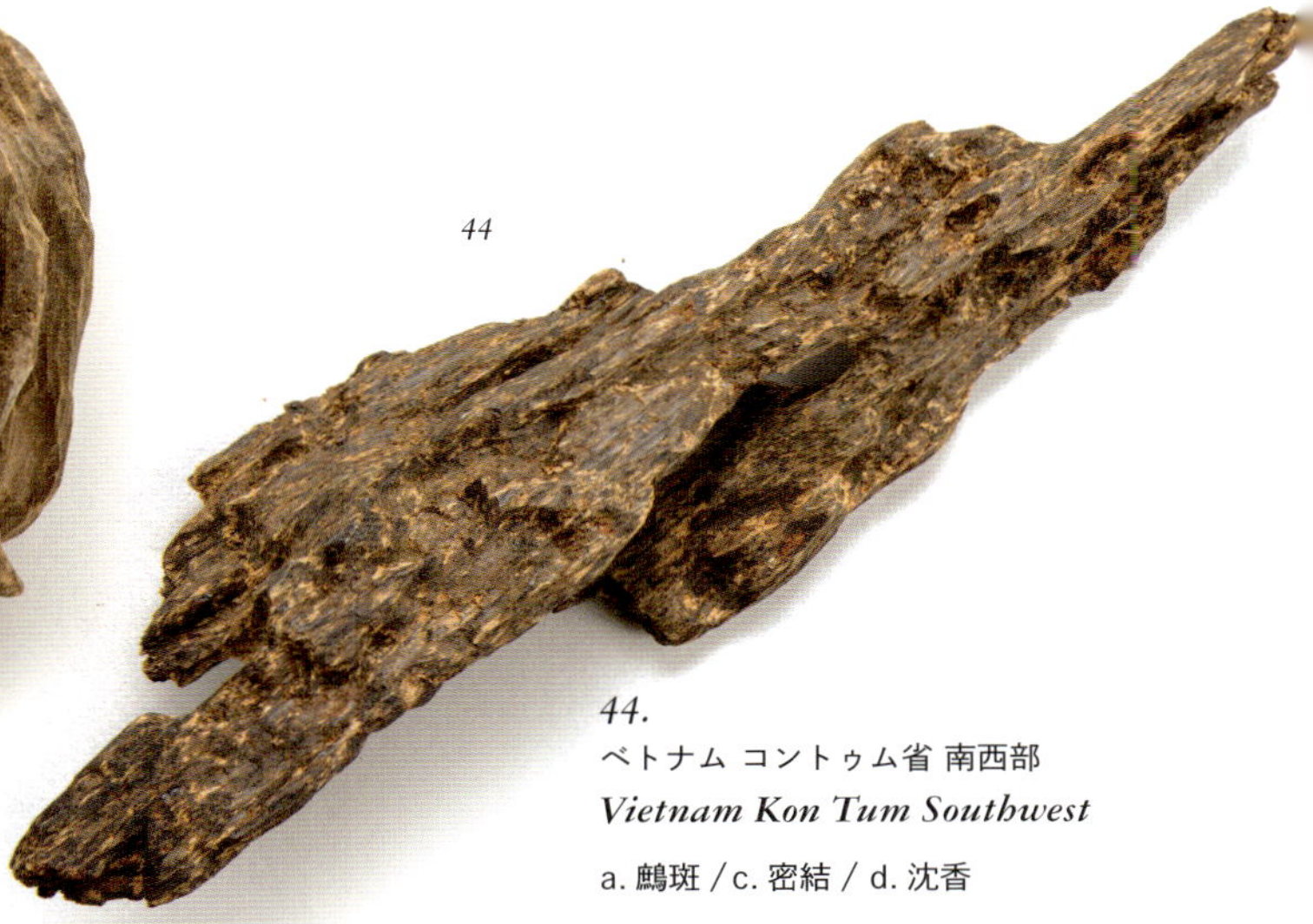

44

45.
ベトナム ラムドン省 北東部
Vietnam Lam Dong Northeast

a. 虎老 / c. 熟結 / d. 沈香

このように分厚い塊状の個体は比較的短期間に樹脂が大量に出たもの。その後、樹内で長期間熟成したため、全体の香りは安定している。

44.
ベトナム コントゥム省 南西部
Vietnam Kon Tum Southwest

a. 鷓斑 / c. 密結 / d. 沈香

時間をかけて樹脂が溜まった縦形の個体。香りはバランスがとれている。

46.
ベトナム ラムドン省 南西部
Vietnam Lam Dong Southwest

a. 茶皮 / c. 聚結 / d. 沈香

上部が樹皮の損傷部でえぐられたようになっている。その裏に樹脂が溜まろうとしている。樹脂量は少なく、香りも軽い。

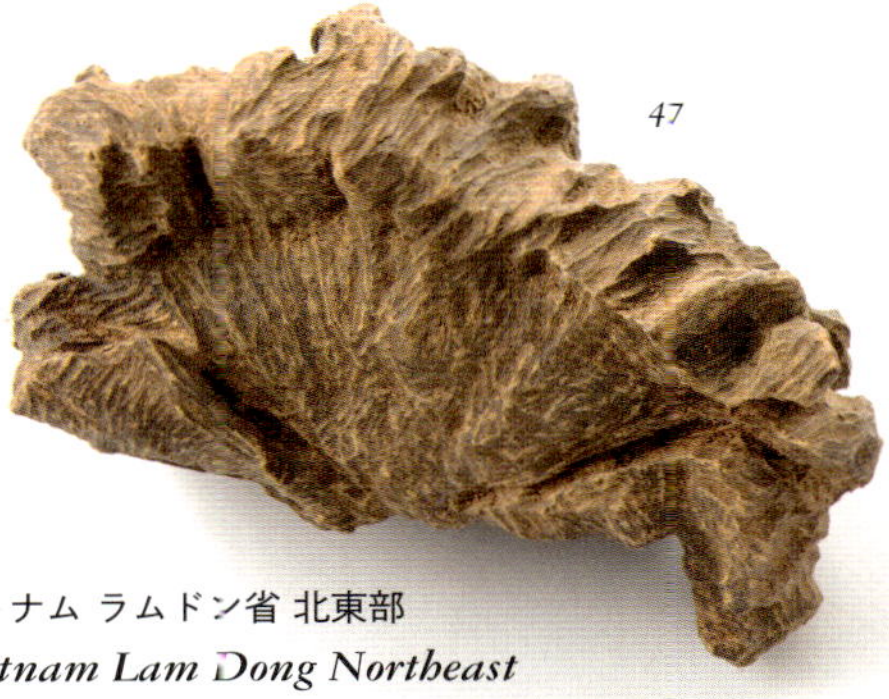

47

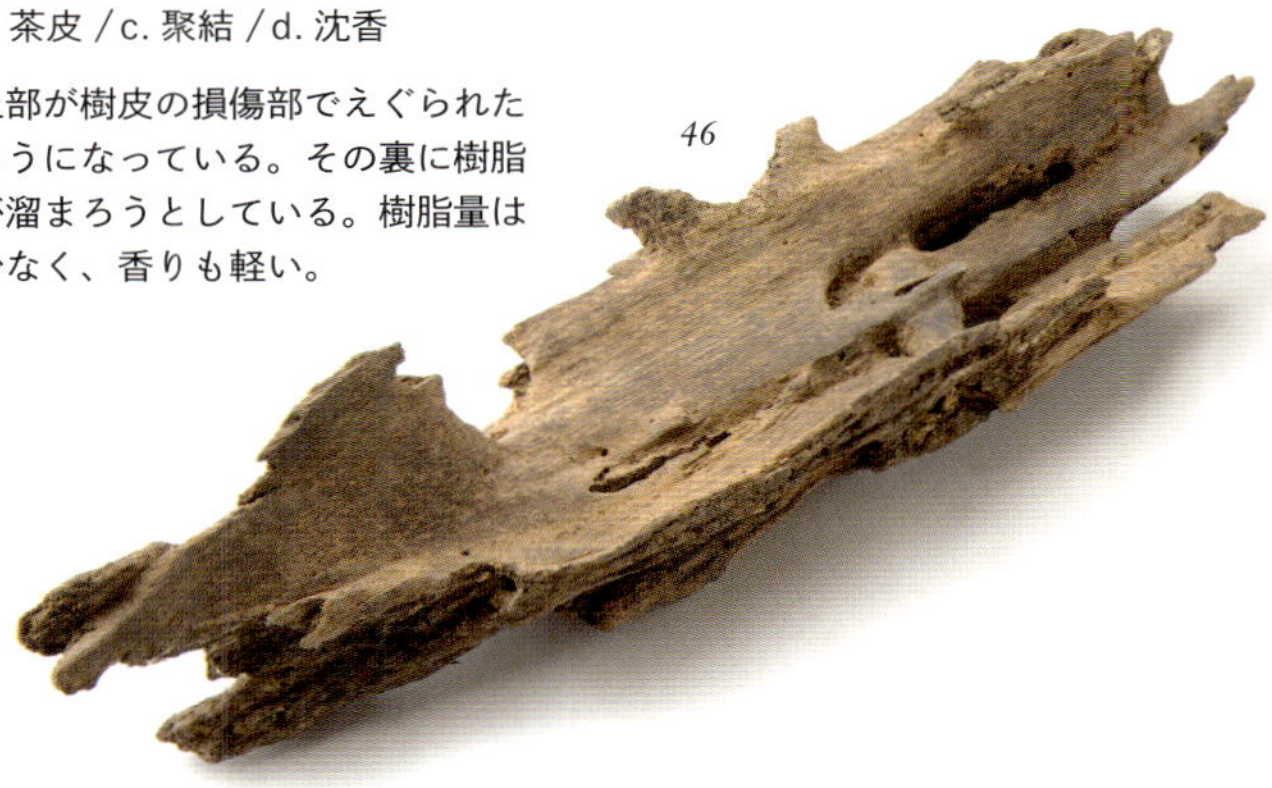

46

47.
ベトナム ラムドン省 北東部
Vietnam Lam Dong Northeast

a. 虎黄 / c. 熟結 / d. 沈香

幹の損傷部から芯に向かって樹脂が溜まっている。沈香樹は軟弱な樹なので、損傷しやすいが、必ずしも樹脂が溜まるとは限らない。

48.
ベトナム ラムドン省 北西部
Vietnam Lam Dong Northwest

a. 鷓斑 / c. 聚結 / d. 沈香

節の損傷部に樹脂が薄く溜まっている。樹脂の総量が少ないことも相まって香りに深みがなく、聞香向きではない。

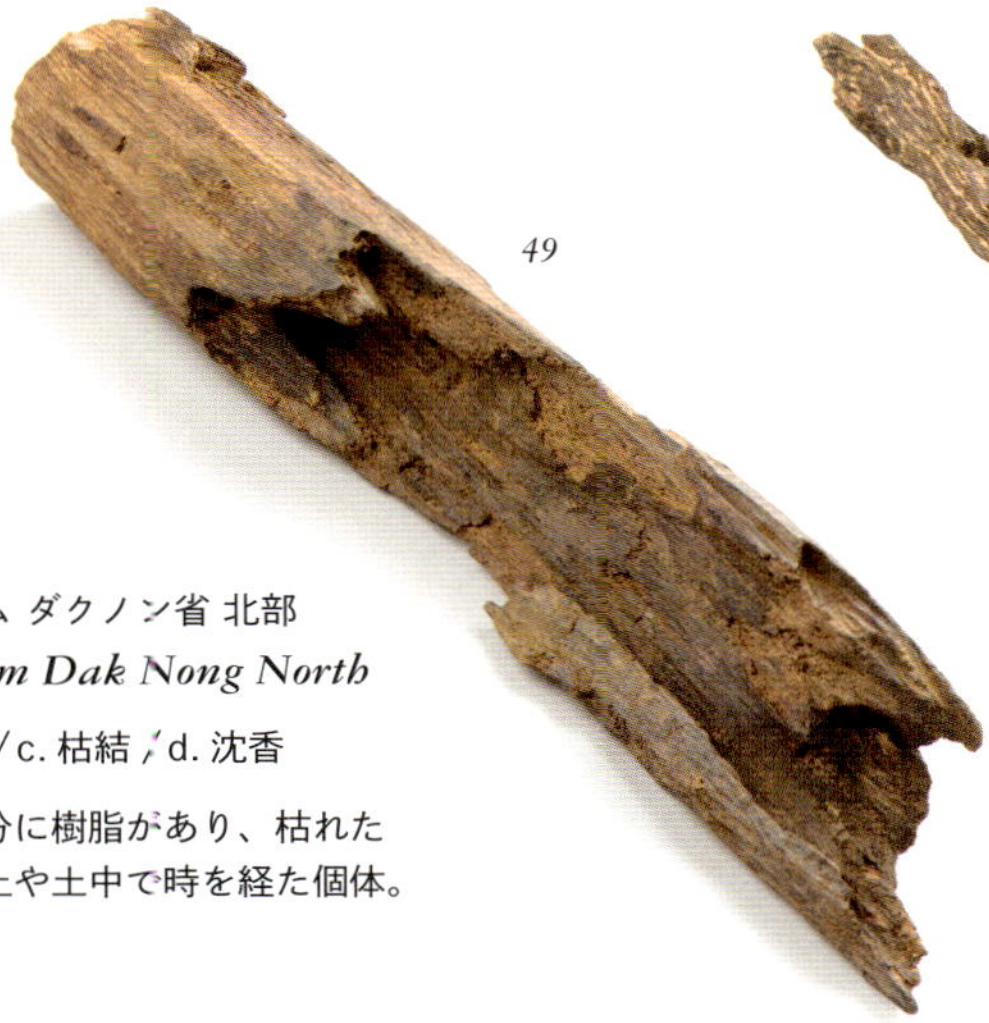

49

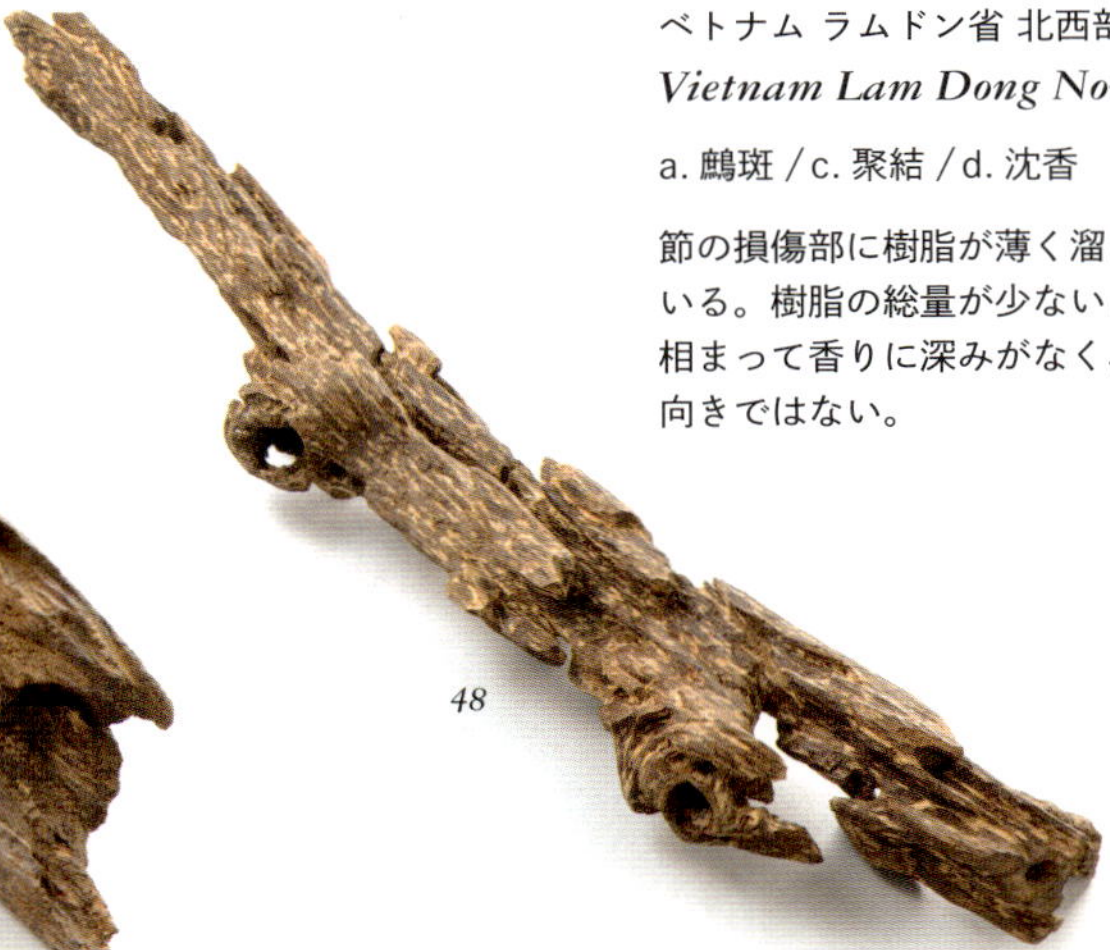

48

49.
ベトナム ダクノン省 北部
Vietnam Dak Nong North

a. 黄皮 / c. 枯結 / d. 沈香

枝の部分に樹脂があり、枯れた後、地上や土中で時を経た個体。

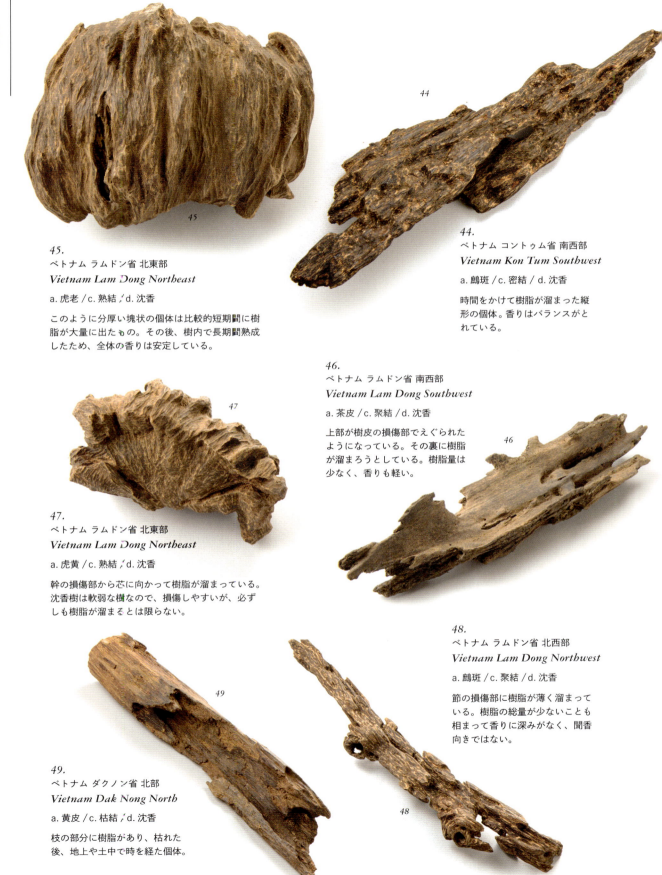

ベトナムⅢ

中部沿岸地域に産する沈香。この地域は貿易港が多く、特にホイアン（會安）にはかつて日本人町があり、香木交易も盛んであった。

50

50.
ベトナム クアンナム省 中部
Vietnam
Quang Nam Central

a. 馬蹄 / c. 密結 / d. 沈香

樹の断面の裏に樹脂が溜まった状態。見えているのは断面の裏側。自然に形成された個体は良質だが、人為的に枝を切断しても良質にはならない。このような馬蹄形沈香を會安沈香と呼ぶこともある。

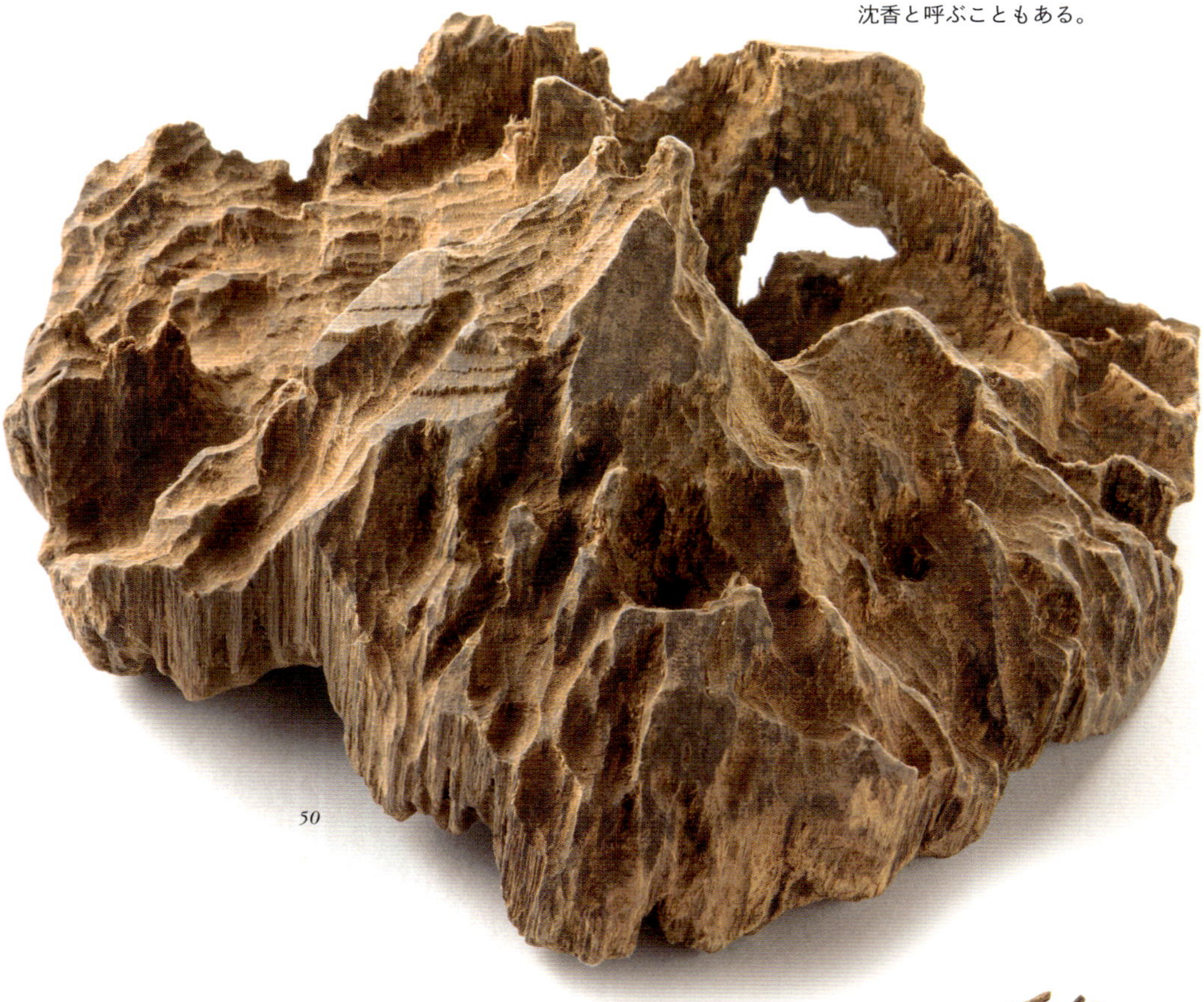

50

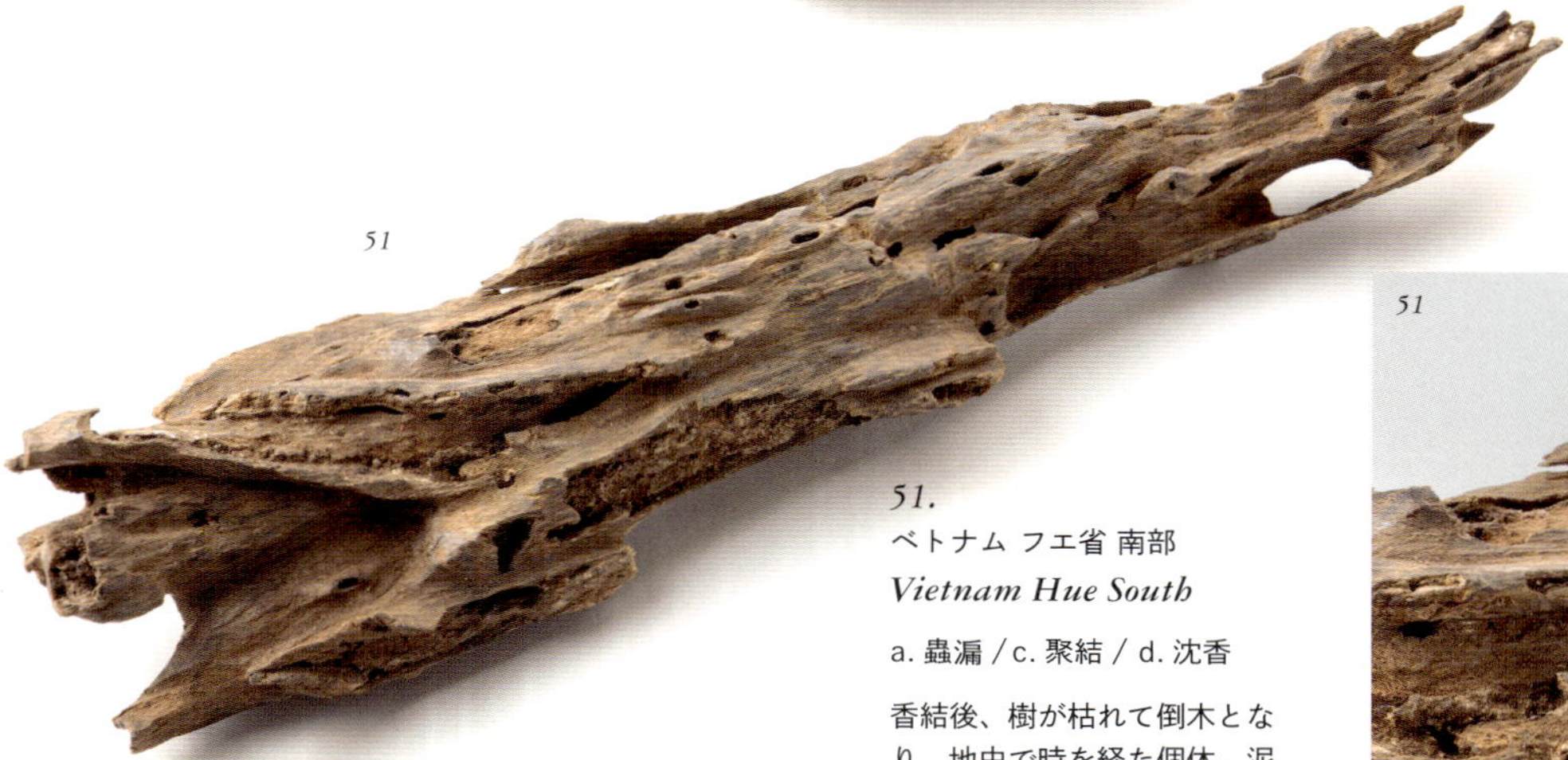

51

51.
ベトナム フエ省 南部
Vietnam Hue South

a. 蟲漏 / c. 聚結 / d. 沈香

香結後、樹が枯れて倒木となり、地中で時を経た個体。泥沈香の一種。香りは羅国系。

51

54

52

52.

ベトナム クアンナム省 西部

Vietnam
Quang Nam West

a. 奇皮 / c. 聚結 / d. 沈香

馬蹄形の一種で、樹脂が針状に内部へ伸びている。樹脂量が少なく、聞香向きではない。

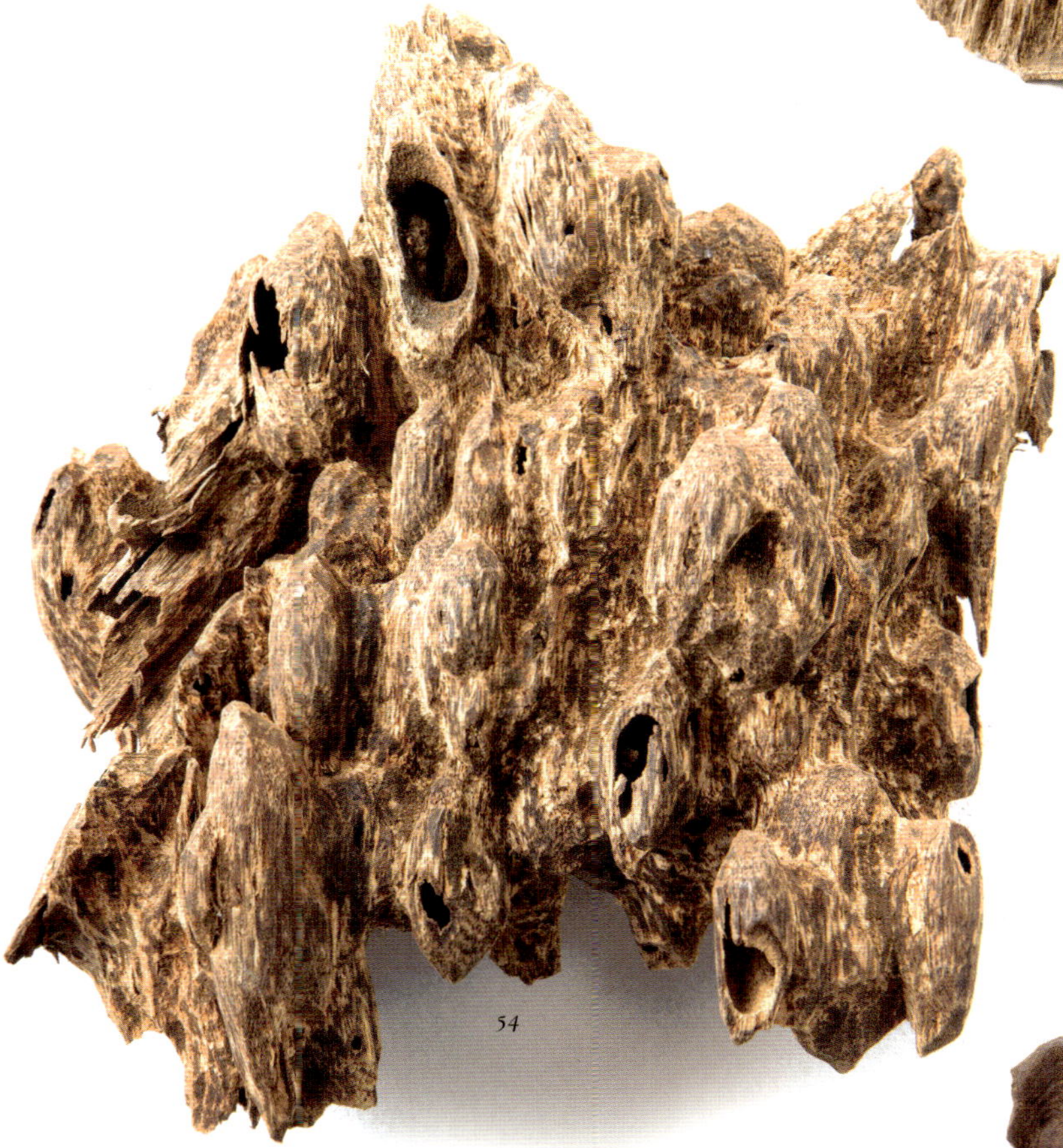

54

53.

ベトナム ビンディン省 西部

Vietnam Binh Dinh West

a. 馬蹄 / c. 熟結 / d. 沈香

写真は樹の内部。表面が滑らかなのは、樹脂蓄積後、土中で時を経たため。

53

54.

ベトナム クアンガイ省 西部

Vietnam Quang Ngai West

a. 奇肉 / c. 聚結 / d. 沈香

樹脂がまだらに溜まり、樹脂のない部分が腐蝕すると、このような形になる。枯木の状態から採取された。

55

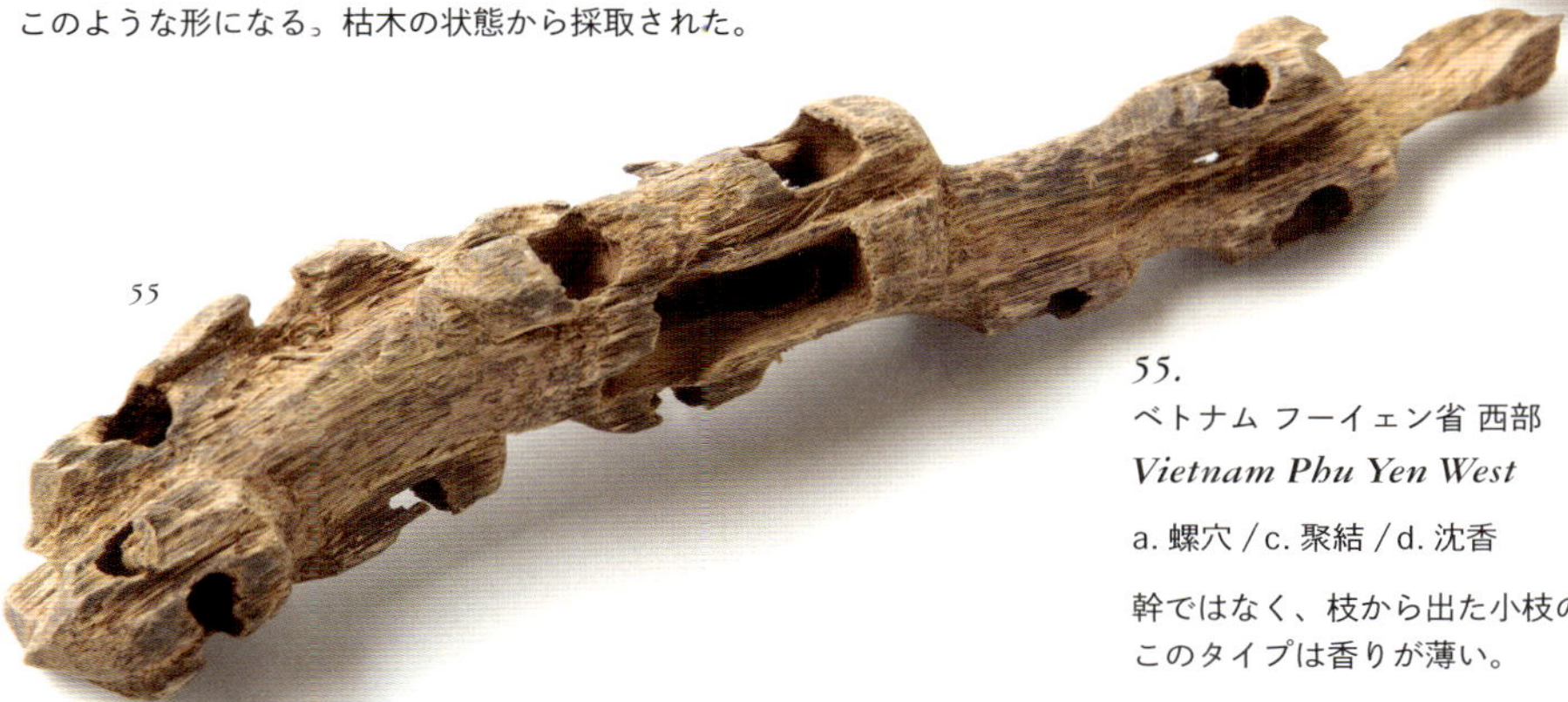

55.

ベトナム フーイェン省 西部

Vietnam Phu Yen West

a. 螺穴 / c. 聚結 / d. 沈香

幹ではなく、枝から出た小枝の損傷部に香結した。このタイプは香りが薄い。

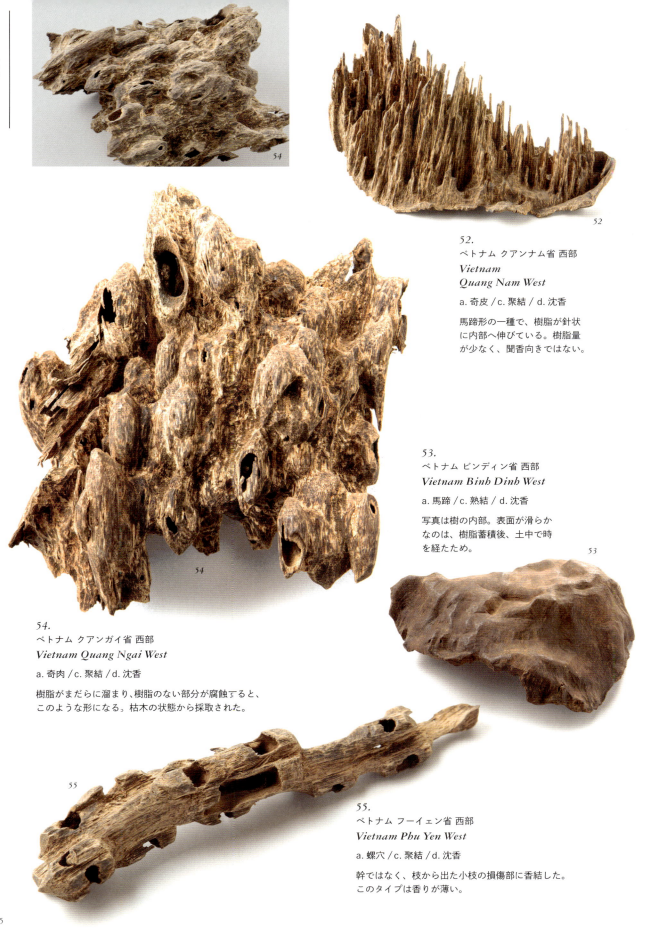

ベトナムⅣ

樹脂の香結後に枯木や倒木となり、地表や土の中で時を経た個体も多くある。ここではそのような例を紹介する。

56

56.
ベトナム ダクラク省 北西部
Vietnam Dak Lak Northwest

a. 黒皮 / c. 熟結 / d. 沈香

泥沈香あるいは黒泥沈香と呼ばれる。マレーシアの泥沈香と似ているが、香りは別物。

57

57.
ベトナム フーイェン省 西部
Vietnam Hung Yen West

a. 黄皮 / c. 密結 / d. 沈香

このタイプは紅土沈香と呼ばれ、香結後、紅土土壌で熟成された。

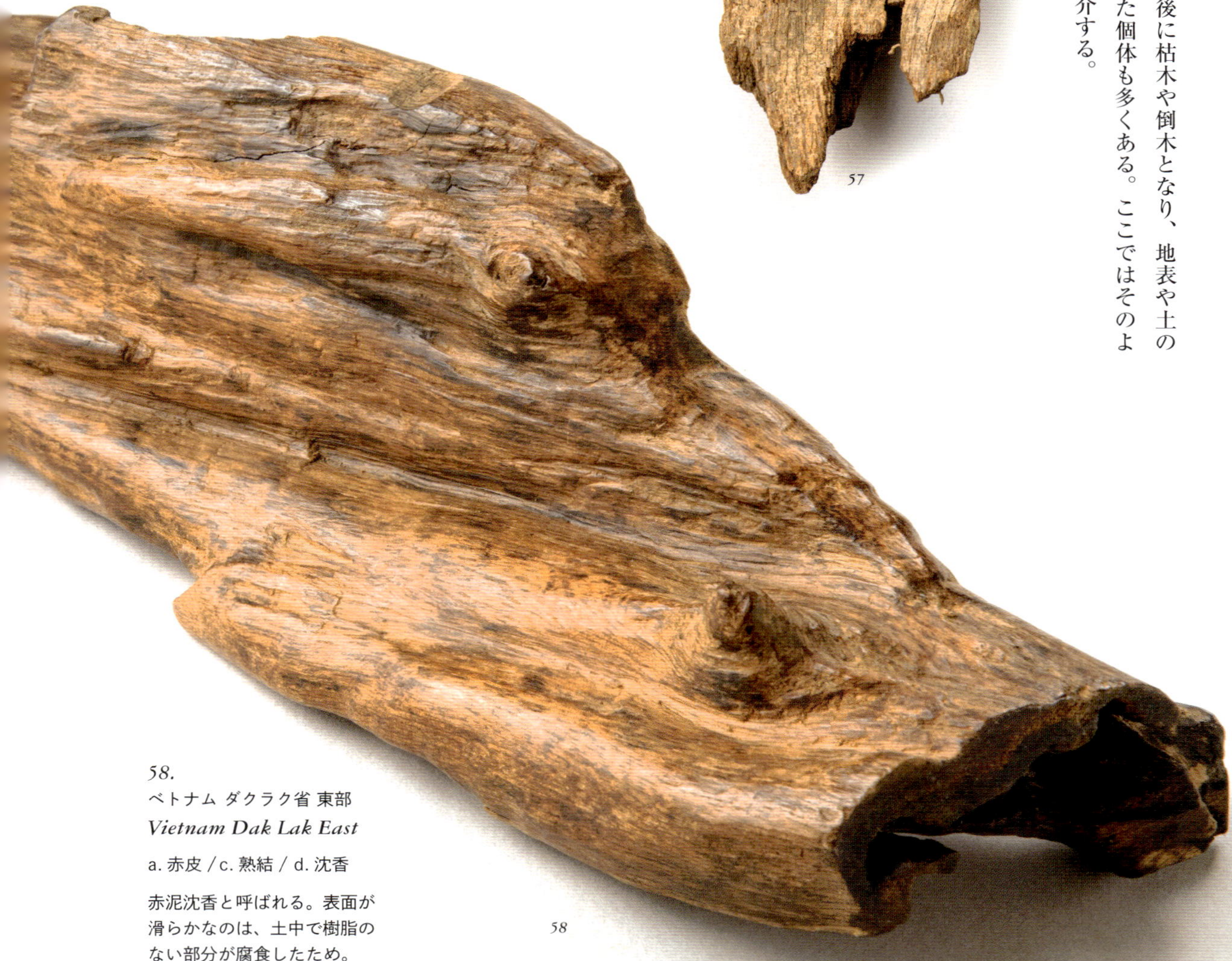

58

58.
ベトナム ダクラク省 東部
Vietnam Dak Lak East

a. 赤皮 / c. 熟結 / d. 沈香

赤泥沈香と呼ばれる。表面が滑らかなのは、土中で樹脂のない部分が腐食したため。

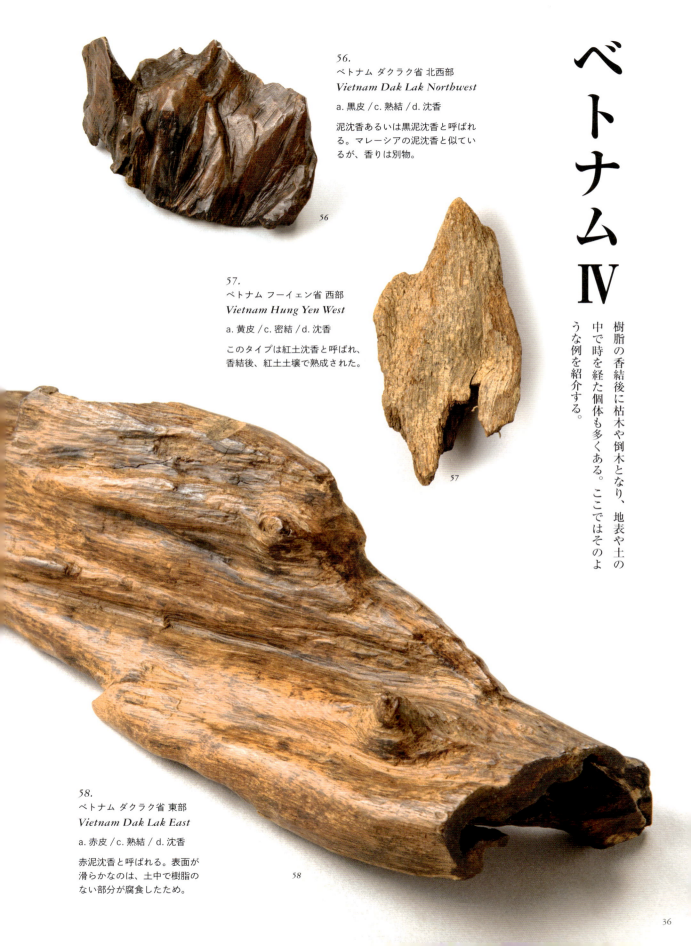

59

59.
ベトナム カインホア省 西部
Vietnam Khanh Hoa West

a. 黄皮 / c. 密結 / d. 沈香

この個体も 57 と同じく、紅土沈香系。紅土層で倒木となり、熟成された。表皮は柔らかく、削ると 60 のようになる。紅土とは、インドシナ半島に多い湿潤な土壌で、赤味があり、痩せている。

59

60

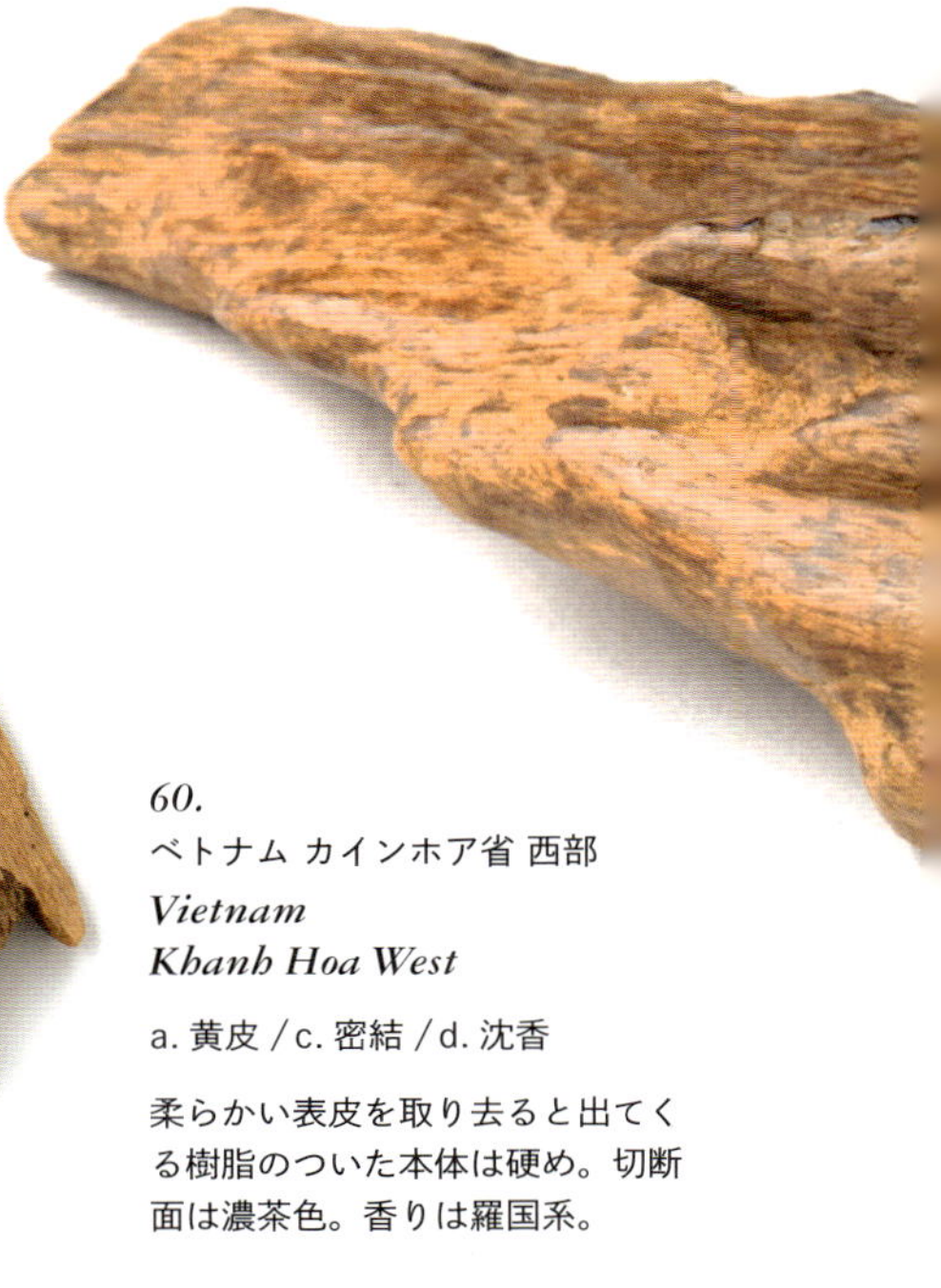

60.
ベトナム カインホア省 西部
Vietnam
Khanh Hoa West

a. 黄皮 / c. 密結 / d. 沈香

柔らかい表皮を取り去ると出てくる樹脂のついた本体は硬め。切断面は濃茶色。香りは羅国系。

60

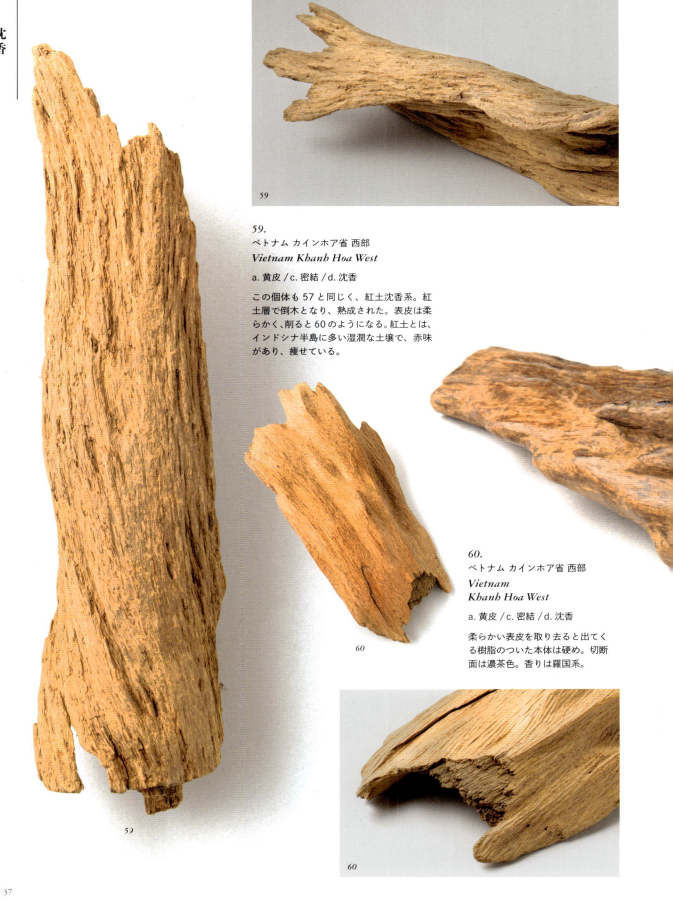

コラム

香木ニセモノがたり

香木取引の難しさ

香木は価値の高いもので、しかも真贋が判り難いので、ニセモノが大量に出まわります。その方法は、まず樹の重量を増すこと。これは最も簡単な発想で、個体の中に金属を入れれば、その重量が加算される訳です。金属は主に鉄で、鉛や錫、水銀などもあり、ベトナム戦争時の銃弾が埋め込まれていたことも過去にありました。

そして次は香木でない木塊を香木に見せること。これも彩色・加熱・接着・薬品注入など、いろいろな方法があります。

写真の例を見ていくと、①は沈香に似ている材を用い、表面を沈香らしく削って仕上げたものです。上匂に沈香油を使用しています。一九八〇年頃から大量に出まわり、今もこのタイプを所有している方は多いはずです。香木鑑定に来られる方の半数はこのタイプの所有者です。

②はたんなる硬木の腐蝕しなかった部分で、香りはないですが、形が沈香風なので、それだけで騙されてしまうこともあります。

③はいくつかの中小片を貼り合わせて、大きな塊にしたもの。香木は大きな塊ほど、樹脂が溜まるのに時間がかかり、熟成されているので、価値が高まるため、ニセモノが出まわります。このケースは中片五個に小片二十一個を合わせています。似たケースで、大片同士を貼り合わせて、置物用に整形し、価値を高めることもよくあることです。

④はたんに重いボルトを中心に埋め込み、重量増しを図ったもの。外観は巧妙にカモフラージュしてあります。

⑤は何らかの薬品を内部に注入し、軟らかい樹脂が溜まっているように見せています。つまり沈香を伽羅に見せようとしている訳です。このように薬品を内部に注入する手法をインジェクション仕様と呼んでいます。

⑥は表面から薬品を染み込ませているケース。表皮もうまく処理しています。これも沈香か雑木を、伽羅風に見せる手法です。

このように、よく観察すれば、簡単に見破れる品が、なぜ大量に出まわるのでしょうか？　不思議な現象ですが、その要因として資源の減少により、供給側と需要側双方に良質な香木の詳細を知る人々が急激に減ったことがあります。この先、本物を知る人がさらに減り、偽物が横行することのなきよう、偽物を見分ける眼力が大事になってきます。高価な伽羅といわれて買った香木が沈香であったり、ニセモノだったりすると、大きな損失です。充分お気をつけください。

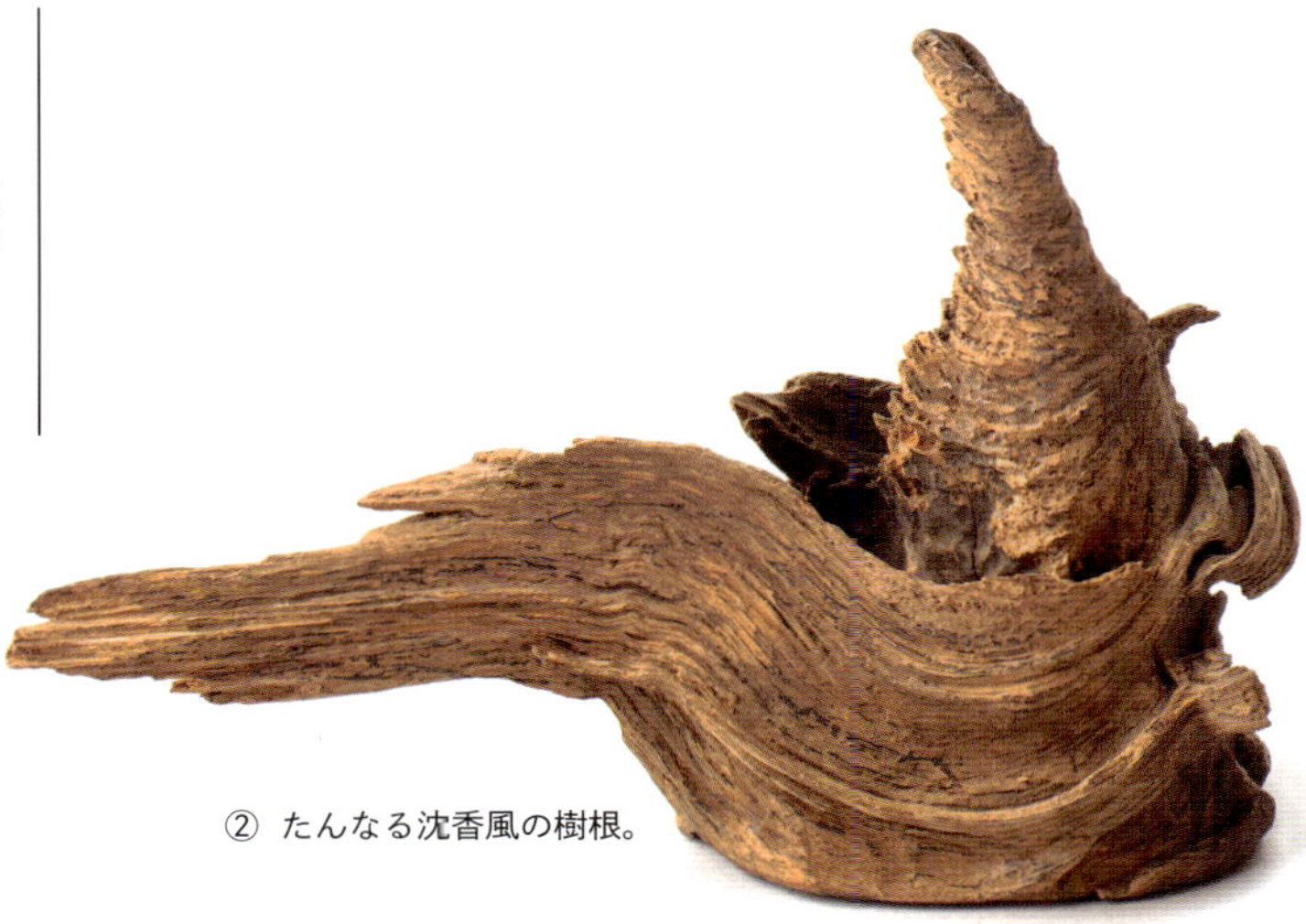

② たんなる沈香風の樹根。

① 沈香に似ているが、別の種の樹木を沈香風に仕上げている。

③ 何種類もの沈香を貼り合せている。

④ 伽羅の中に鉄のボルトを入れて、重量をかさ増ししている例。

⑥ 表面から薬品を染み込ませている例。

⑤ 沈香の内側に薬品を注入して、伽羅に見せようとしている。

インドネシアⅠ

インドネシア系の沈香は、カリマンタン系とスマトラ系、そしてイリアン系に大別され、それぞれの香りに特徴がある。

61

61.
インドネシア カリマンタン島
Indonesia Kalimantan

a. 豹皮 / c. 密結 / d. 沈香

東カリマンタン地区山間部で採取された。この地区は広大な森林地域を持つが、近年開発が進み、森が荒れている。

62

62.
インドネシア カリマンタン島
Indonesia Kalimantan

a. 黄皮 / c. 聚結 / d. 沈香

南カリマンタン地区山間部で採取された。大きな枝の欠損部に樹脂が溜まっている。

63

63.
インドネシア カリマンタン島
Indonesia Kalimantan

a. 茶皮 / c. 熟結 / d. 沈香

中央カリマンタン地区北部高地産出の個体。時をかけ、ゆっくり樹脂が沈着した。重く、香りも重厚。

64

64

64.
インドネシア スマトラ島
Indonesia Sumatra

a. 黄皮 / c. 熟結 / d. 沈香

北部アチェの山間部で採取した個体。大変肉厚で、樹の中心部から樹脂が大量に出たと思われる。

65

65.
インドネシア スマトラ島
Indonesia Sumatra

a. 茶皮 / c. 聚結 / d. 沈香

メダン周辺で採取した個体。樹脂がまだらに溜まっている。

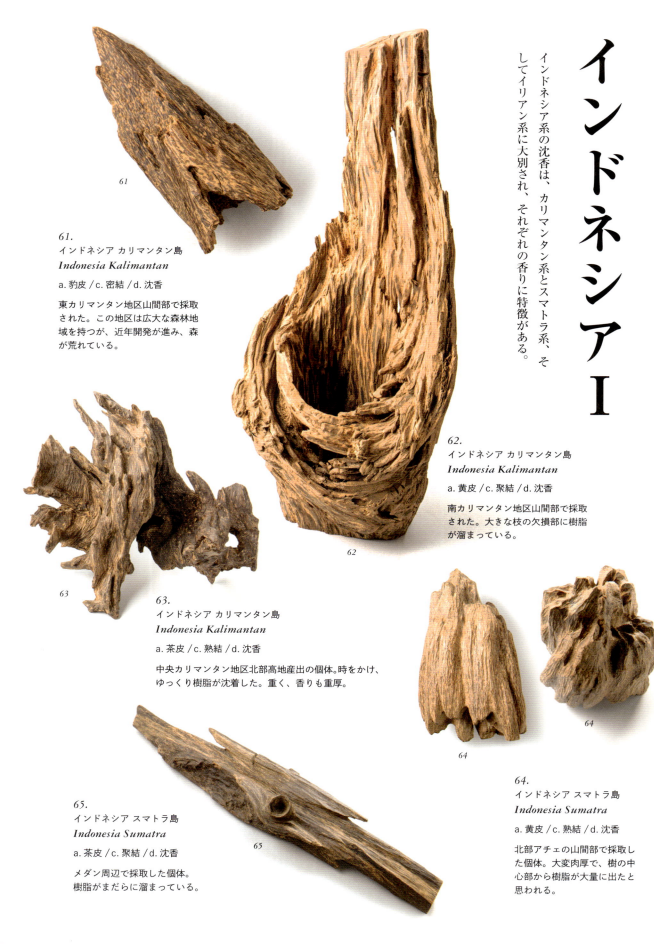

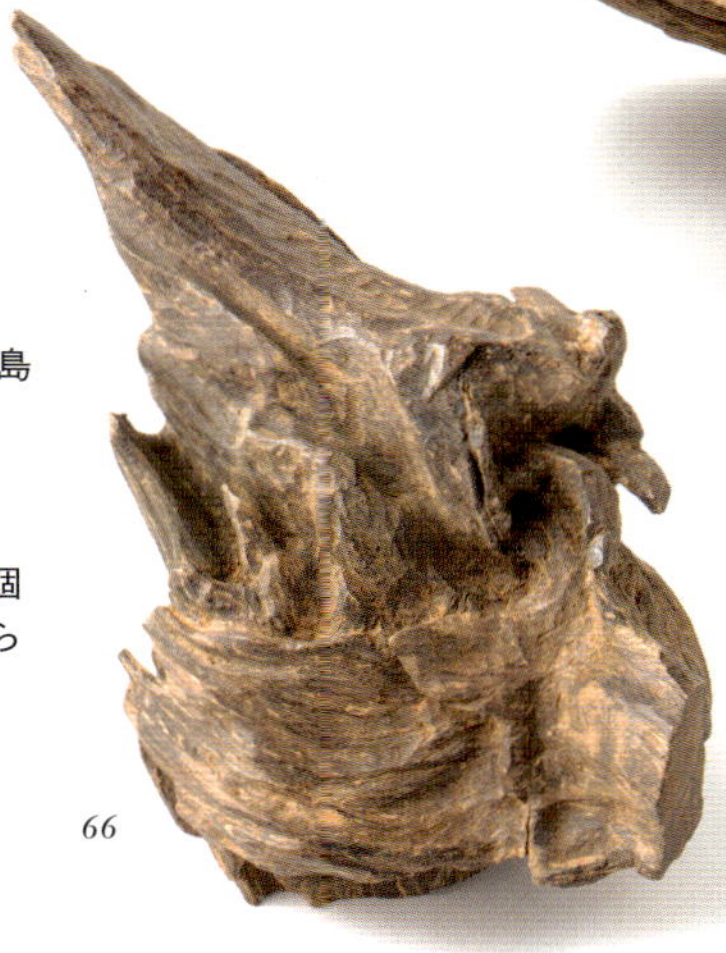

66

66.
インドネシア カリマンタン島
Indonesia Kalimantan

a. 茶皮 / c. 熟結 / d. 沈香

東カリマンタン地区産出の個体。重く硬い。タラカンから出荷されたもの。

67

67.
インドネシア スマトラ島
Indonesia Sumatra

a. 奇皮 / c. 聚結 / d. 沈香

樹脂が時間をかけて沈着した個体。このようなタイプの樹は、中央部と先端部で香りが若干違ってくる。

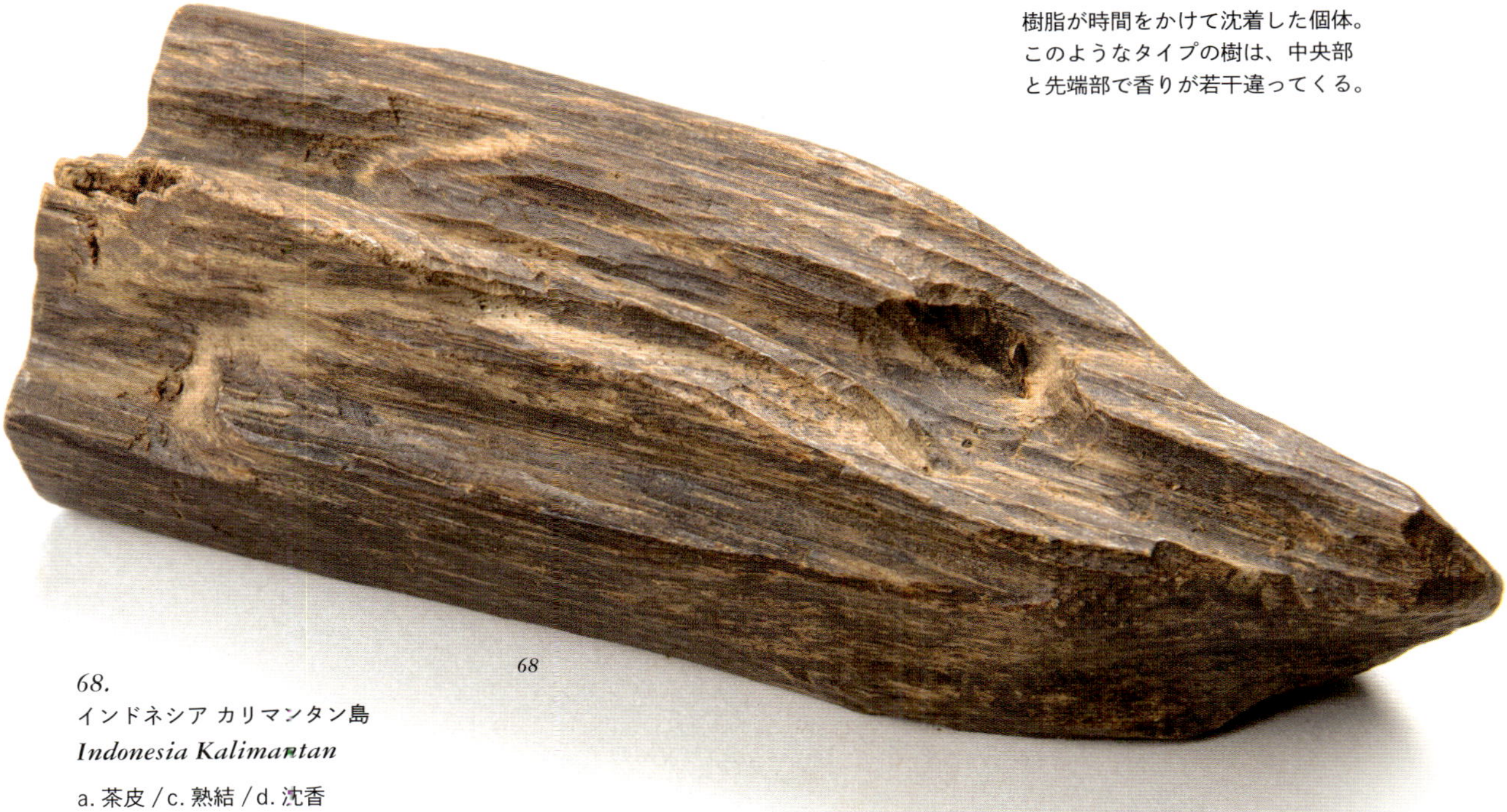

68

68.
インドネシア カリマンタン島
Indonesia Kalimantan

a. 茶皮 / c. 熟結 / d. 沈香

島中央部の森で採取された個体。この周辺では直径２メートル近くになる原木が多かった。樹脂は豊かに沈着している。

69

69.
インドネシア カリマンタン島
Indonesia Kalimantan

a. 奇肉 / c. 密結 / d. 沈香

樹脂が複雑に溜まっている。節より右側はスムーズだが、左側は長期にわたって沈着した。当然、香りも異なる。

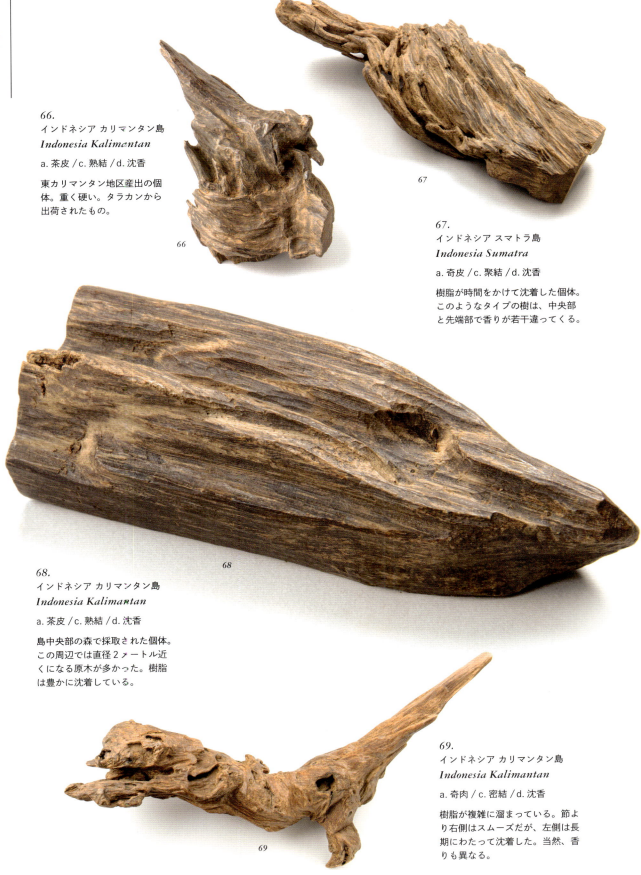

インドネシアII

この項には、カリマンタン系とスマトラ系が掲載されている。スラウェシ島の西南部はカリマンタン系、北東部はイリアン系と思われる。

70

70.

インドネシア カリマンタン島 ***Indonesia Kalimantan***

a. 黒皮／c. 密結／d. 沈香

このタイプを山打根《さんだこん》沈香あるいは泥沈香と呼んでいる。島東北部のマレーシアとインドネシア国境近辺で採取され、マレーシア領サンダカンから出荷されていた。香結後、土中で時を経ている。

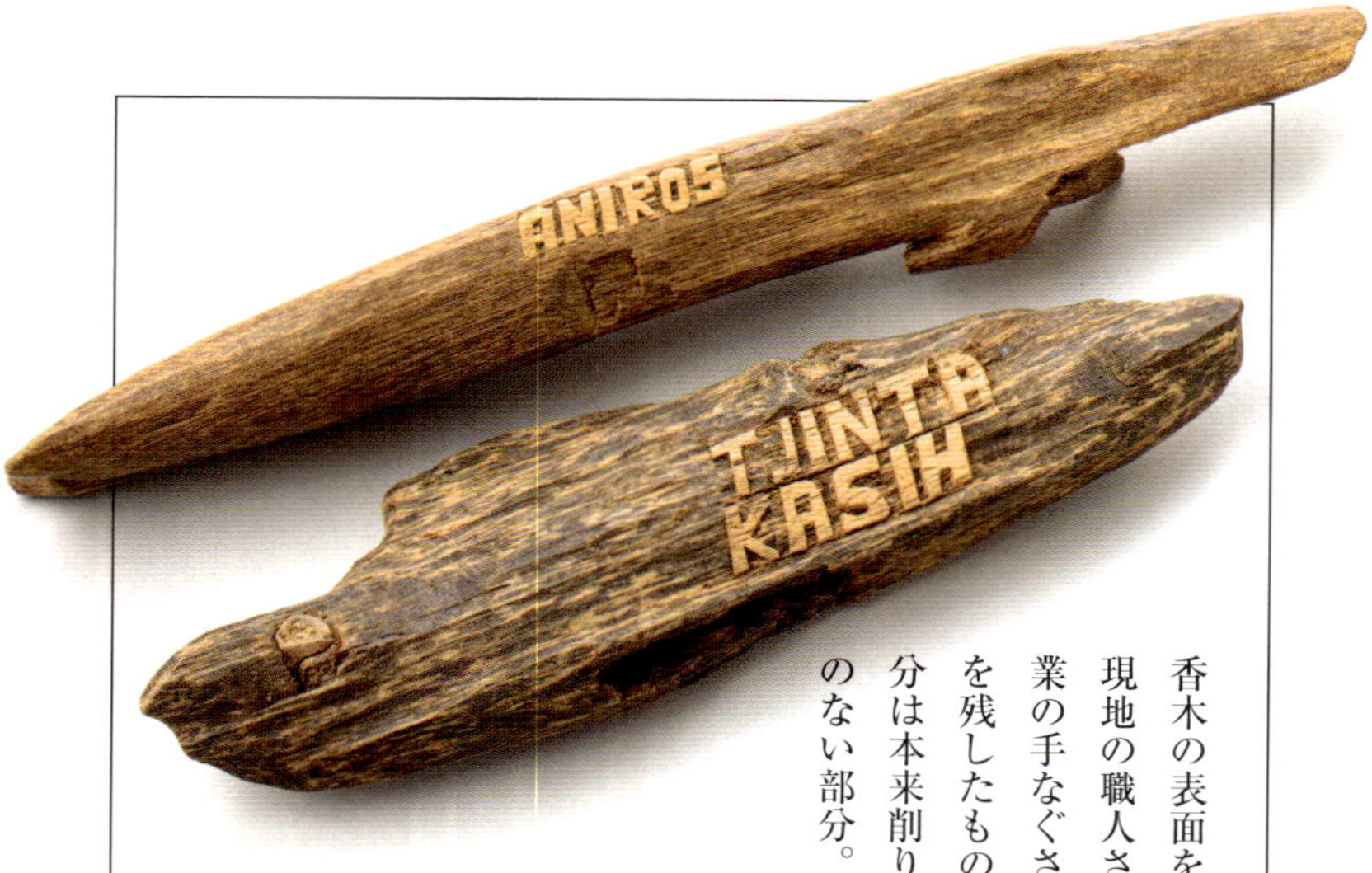

香木の表面を仕上げる現地の職人さんが、作業の手なぐさみに文字を残したもの。白い部分は本来削り取る樹脂のない部分。

71

71.

インドネシア カリマンタン島

Indonesia Kalimantan

a. 黒皮／c. 聚結／d. 沈香

これも山打根沈香の一つ。香りは真那賀系。

72.
インドネシア スマトラ島
Indonesia Sumatra

a. 黄皮 / c. 密結 / d. 沈香

スマトラ島も沈香樹の大木が多く、採取される個体も大きい。樹脂も大量に出て、沈着も比較的早いタイプが多い。この個体の香りはやや単調。

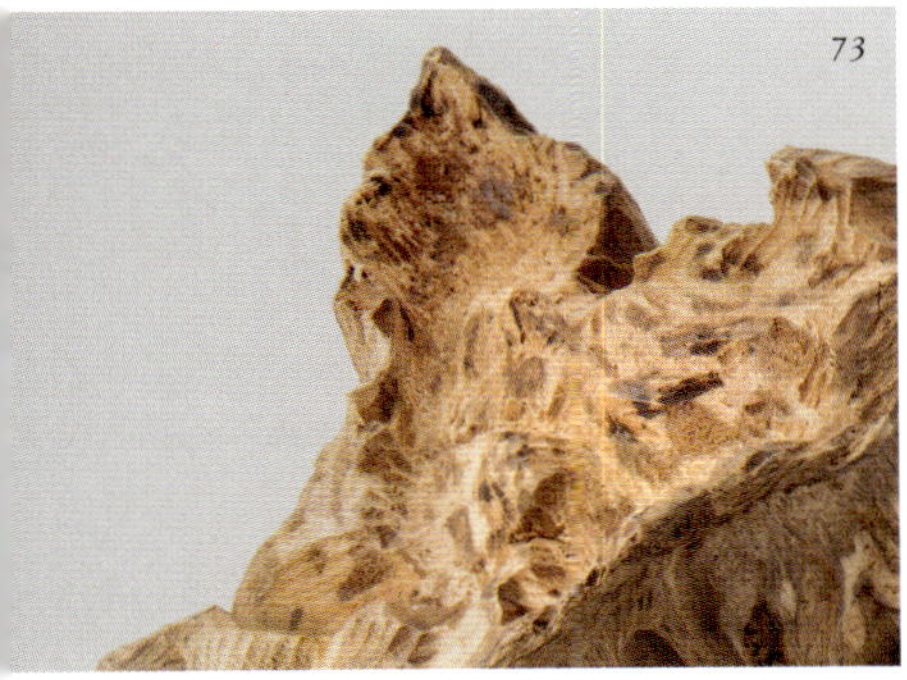

73

73

72

73.
インドネシア スマトラ島
Indonesia Sumatra

a. 虎斑 / c. 密結 / d. 沈香

72と同様の個体だが、断面表皮が虎斑になっており、スマトラタイガーと呼ばれている。

74

74.
インドネシア スラウェシ島
Indonesia Sulawesi

a. 茶皮 / c. 密結 / d. 沈香

島南部のマカッサル周辺の産出。スラウェシに良品質の沈香は少ないが、この個体はカリマンタン産に近い。

75

75.
インドネシア カリマンタン島
Indonesia Kalimantan

a. 黄皮 / c. 密結 / d. 沈香

スマトラ島、カリマンタン島、ともに大きな個体が採取されるが、カリマンタン島に良品のものが多い。

インドネシアIII

イリアン系の沈香樹は、いわゆるカリマンタン系やスマトラ系のアキラリア属とは異なる。イリアン系は甘が特徴的である。

76

76.
インドネシア イリアン島
Indonesia Irian

a. 黄緑皮 / c. 密結 / d. 沈香

イリアン系沈香は独特の甘味があり、香りがソフトである。カリマンタン系のような鋭さはない。

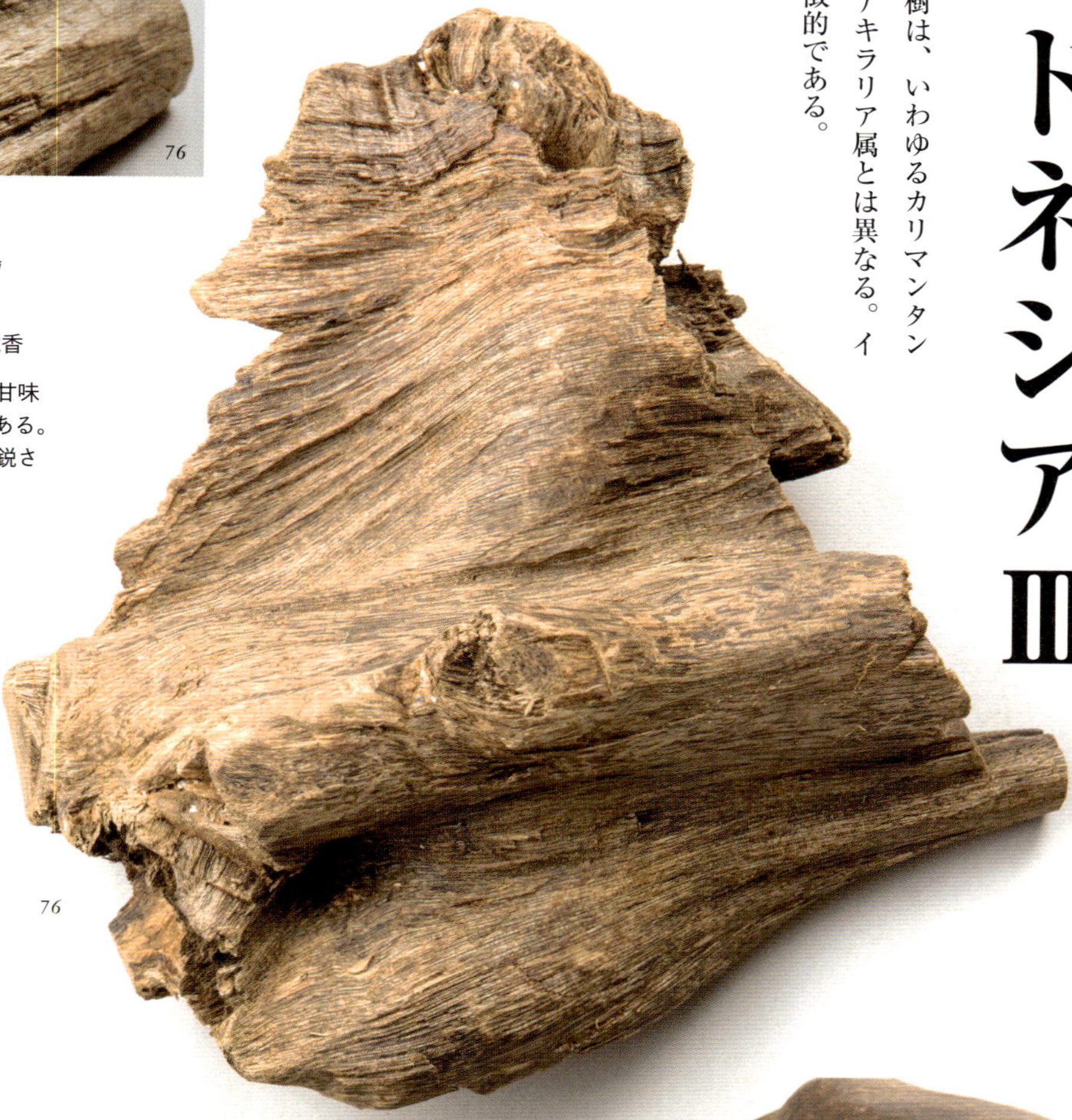
76

77

77.
インドネシア イリアン島
Indonesia Irian

a. 黒皮 / c. 熟結 / d. 沈香

ジャヤプラ周辺産の最良品。非常に硬く重いが、香りは柔らかい。

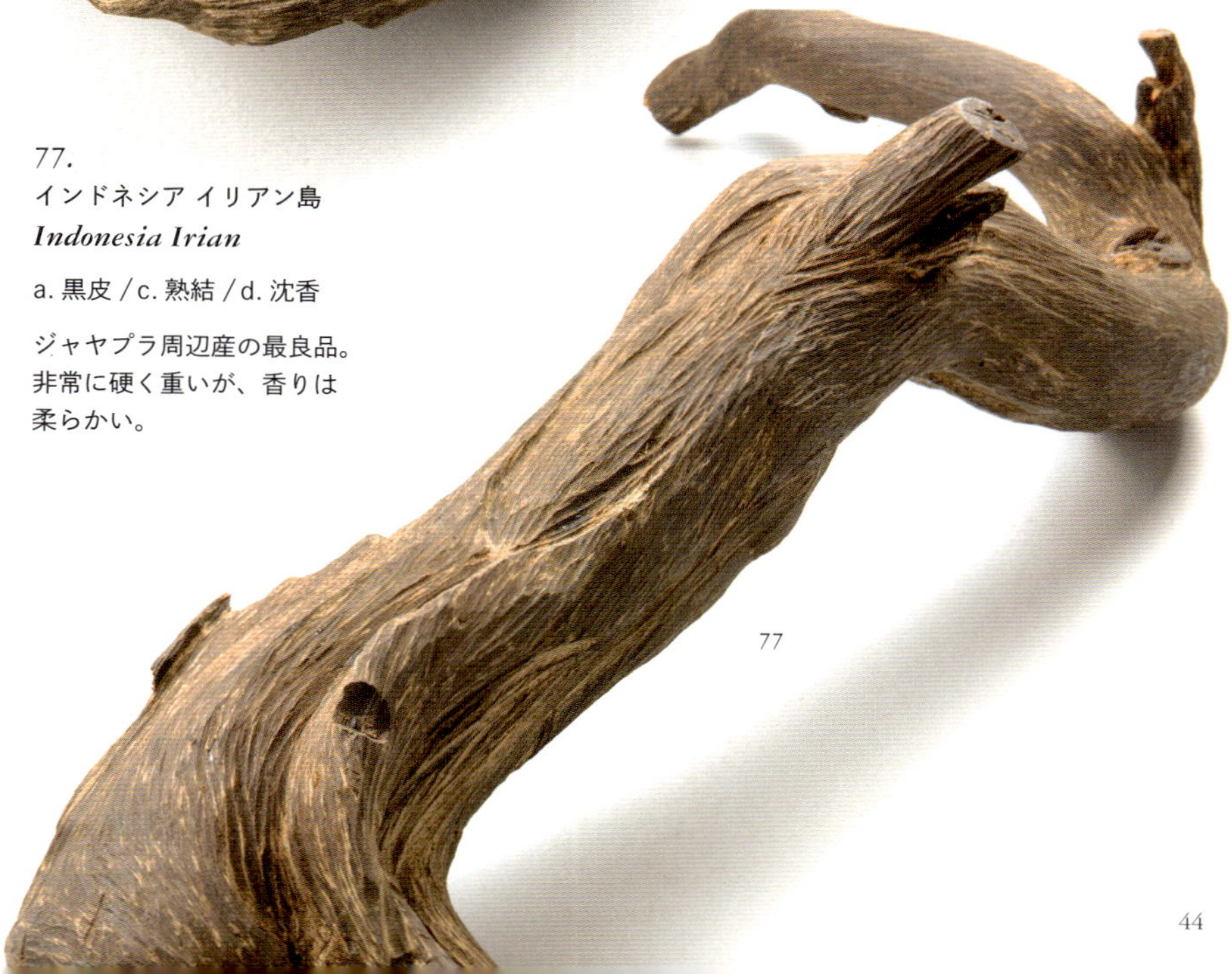
77

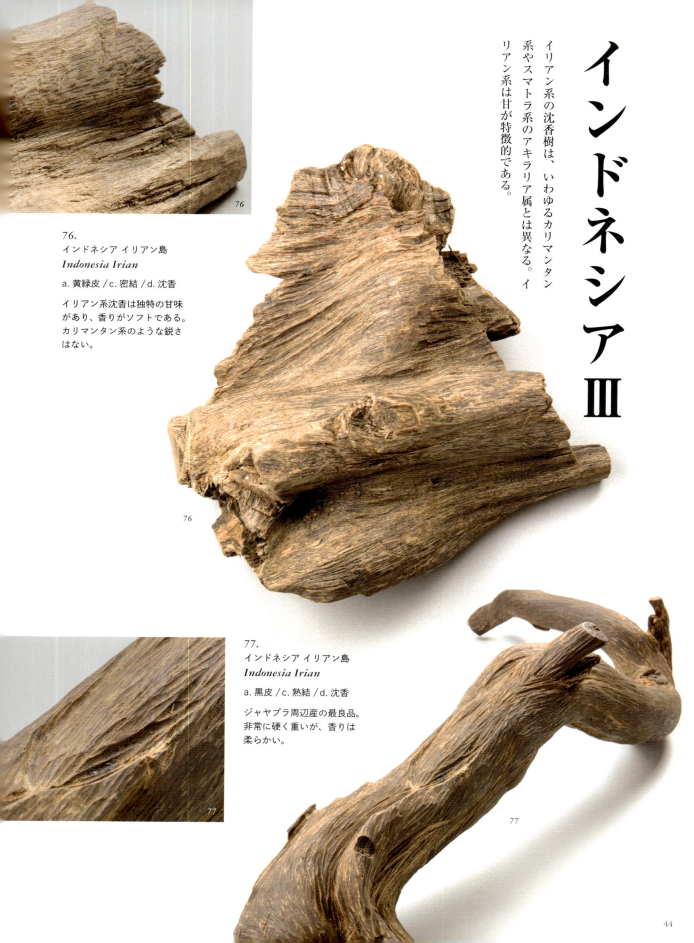

78

78.
インドネシア スラウェシ島
Indonesia Sulawesi

a. 黄皮 / c. 密結 / d. 沈香

北部マナド周辺の土中沈香。香りはイリアン系に近くなる。

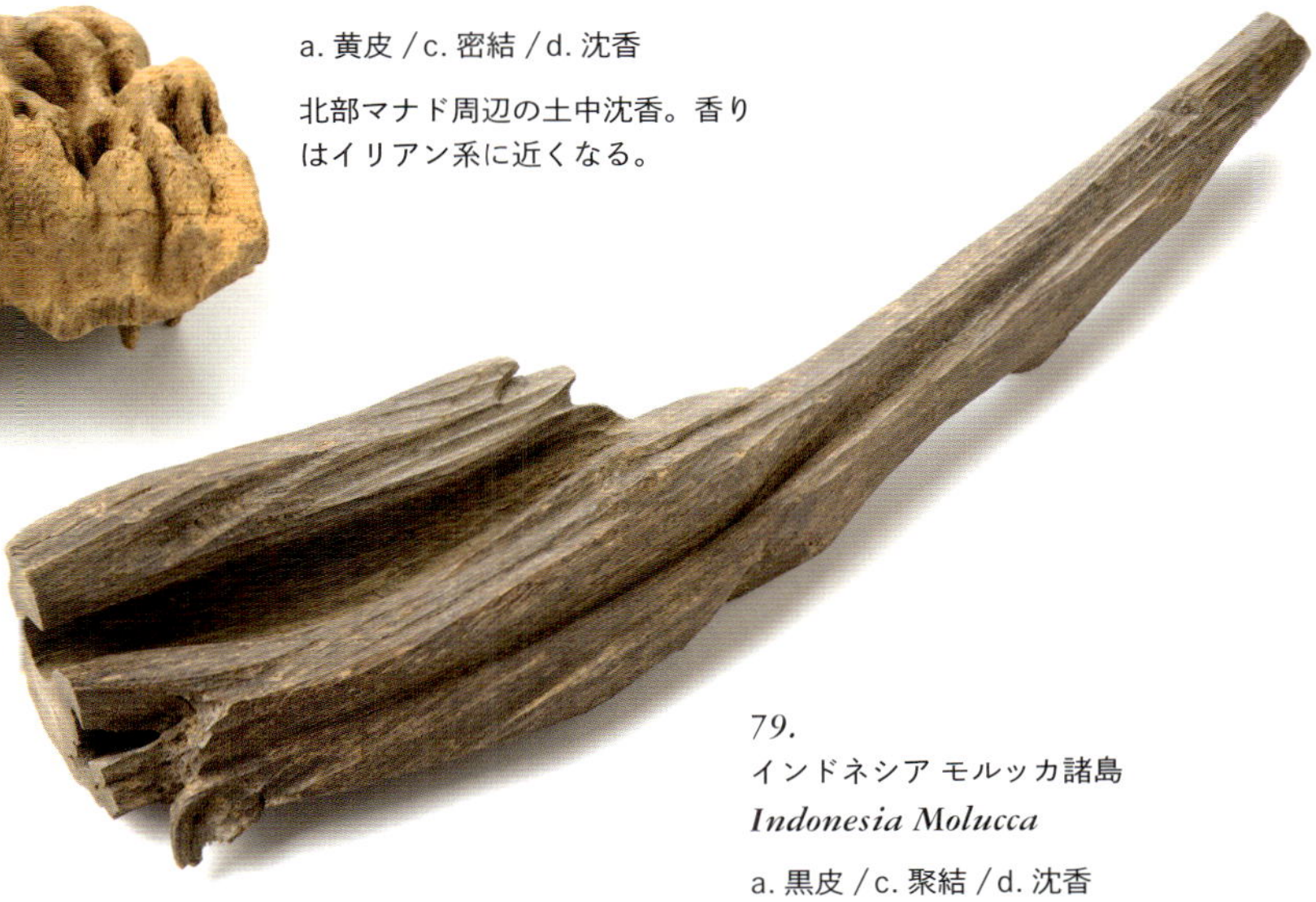

79

79.
インドネシア モルッカ諸島
Indonesia Molucca

a. 黒皮 / c. 聚結 / d. 沈香

ハルマヘラ周辺の沈香。モルッカの沈香もイリアン系の香り。

80

80.
インドネシア モルッカ諸島
Indonesia Molucca

a. 黄皮 / c. 密結 / d. 沈香

この個体は 78 と同じく、樹が枯れ、倒木となり、土の中で過ごした後で採取された。

81.
インドネシア バリ島
Indonesia Bali

a. 奇肉 / c. 密結 / d. 沈香

バリ島にも沈香はあるが、良品質のものは稀である。

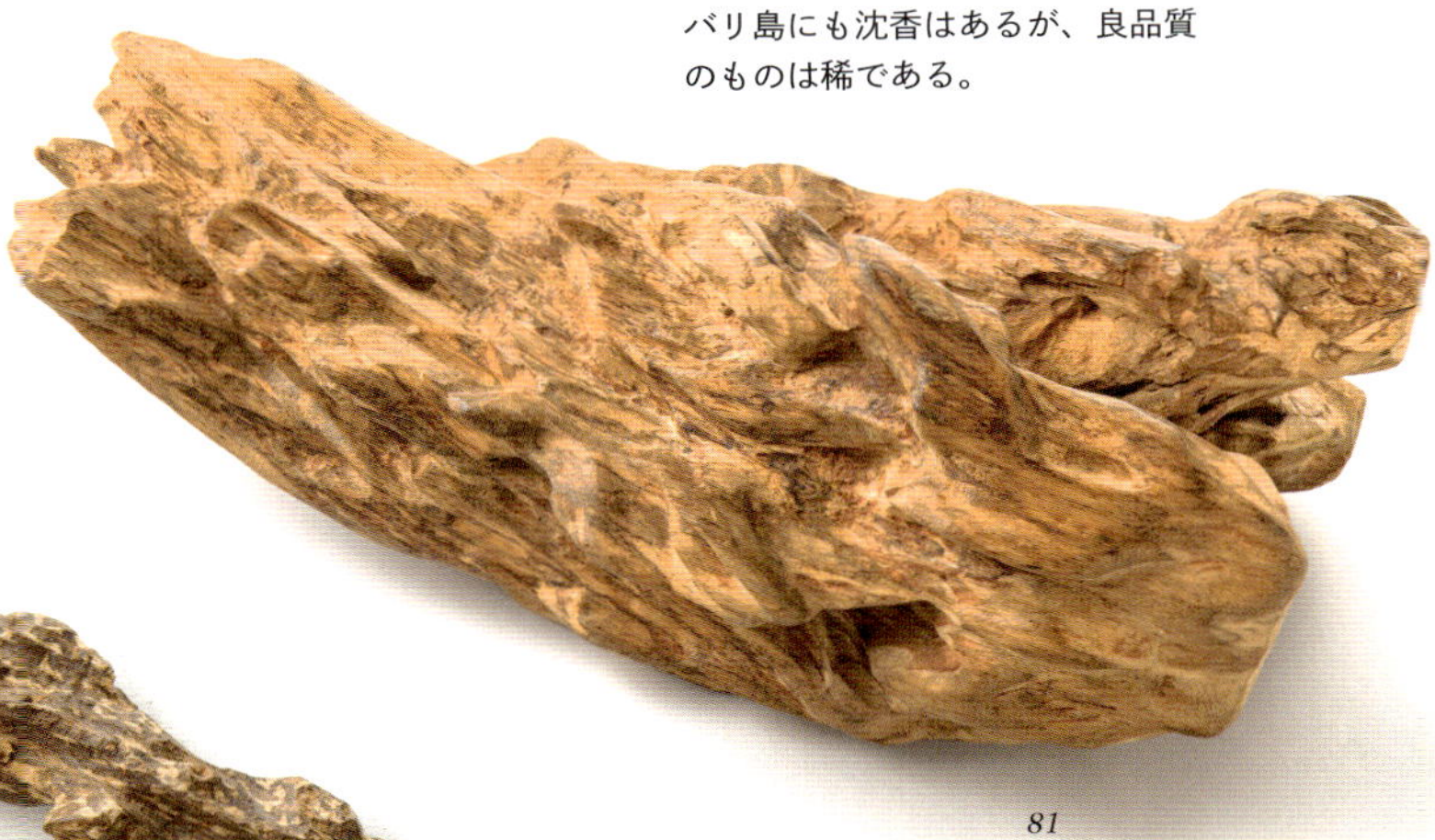

81

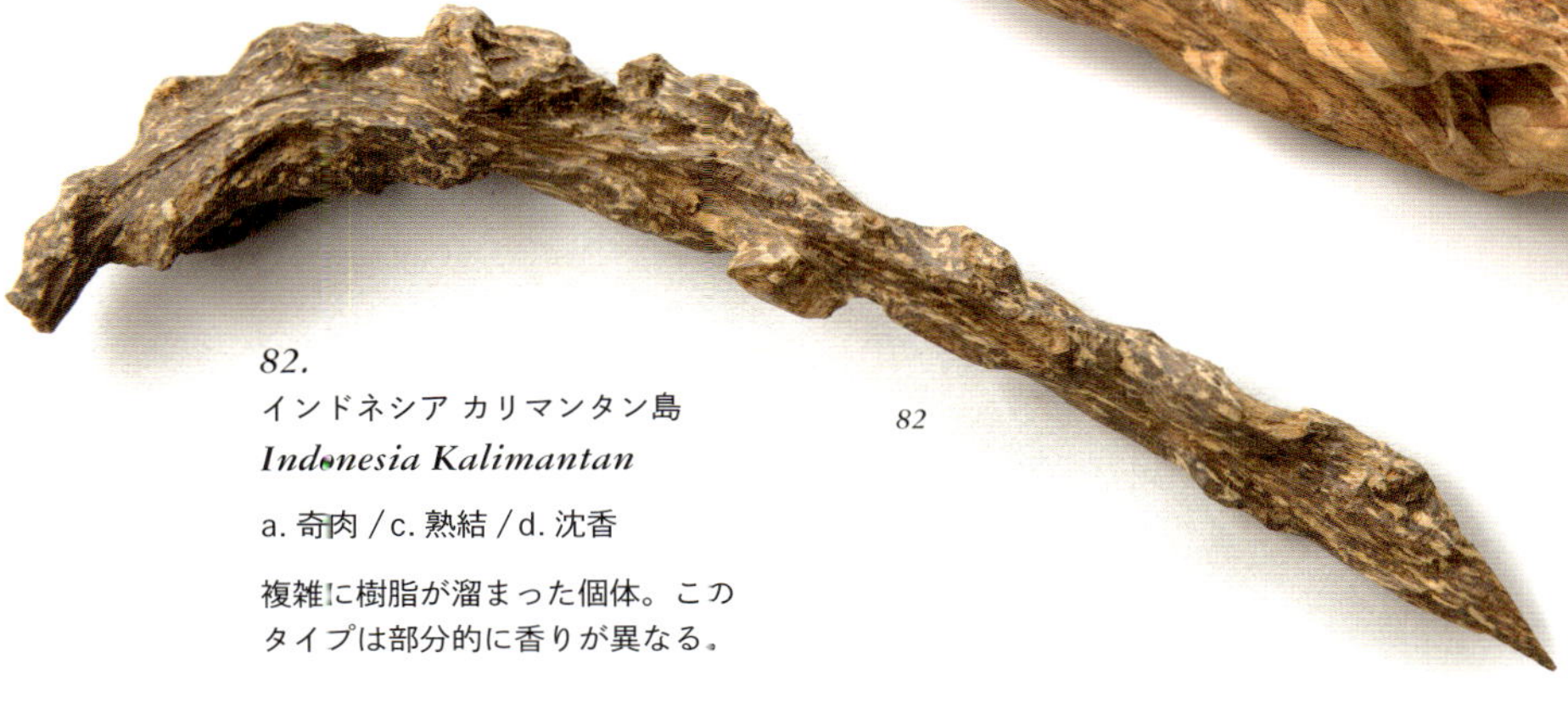

82

82.
インドネシア カリマンタン島
Indonesia Kalimantan

a. 奇肉 / c. 熟結 / d. 沈香

複雑に樹脂が溜まった個体。このタイプは部分的に香りが異なる。

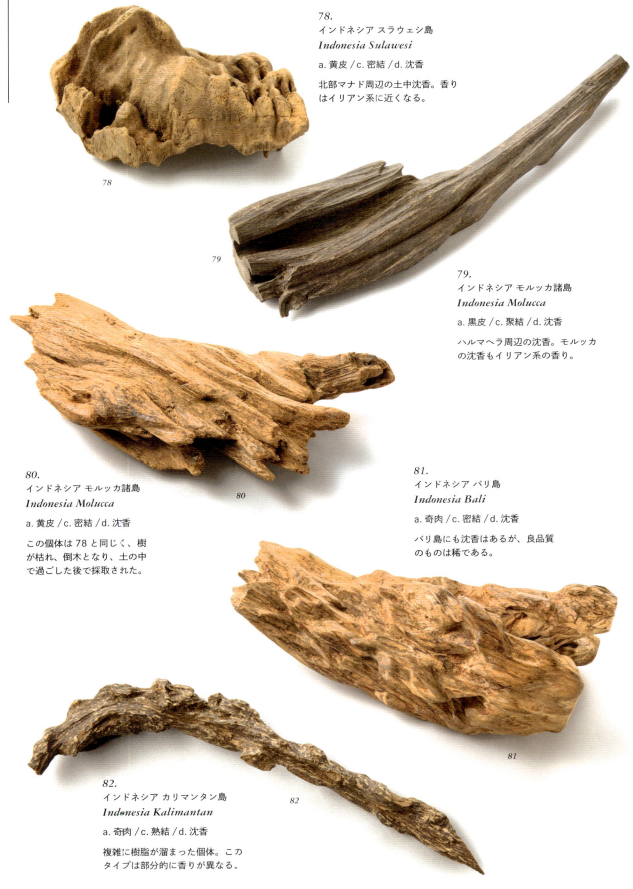

マレーシアほか

マレーシアはマレー半島とカリマンタン島北部に分かれ、沈香の香りも異なる。カリマンタン地区はカリマンタン系だが、マレー半島地区はベトナム系とスマトラ系の中間タイプが多い。

83

83.
マレーシア カリマンタン島
Malaysia Kalimantan

a. 黒茶皮 / c. 堅結 / d. 沈香

北部のサラワクの森で採取された。この地域は、南部のインドネシア領に比べ、開発を抑制し、豊かな森が残っている。この個体も大木から採取され、樹脂が緊密に蓄積されている。重くて硬い。

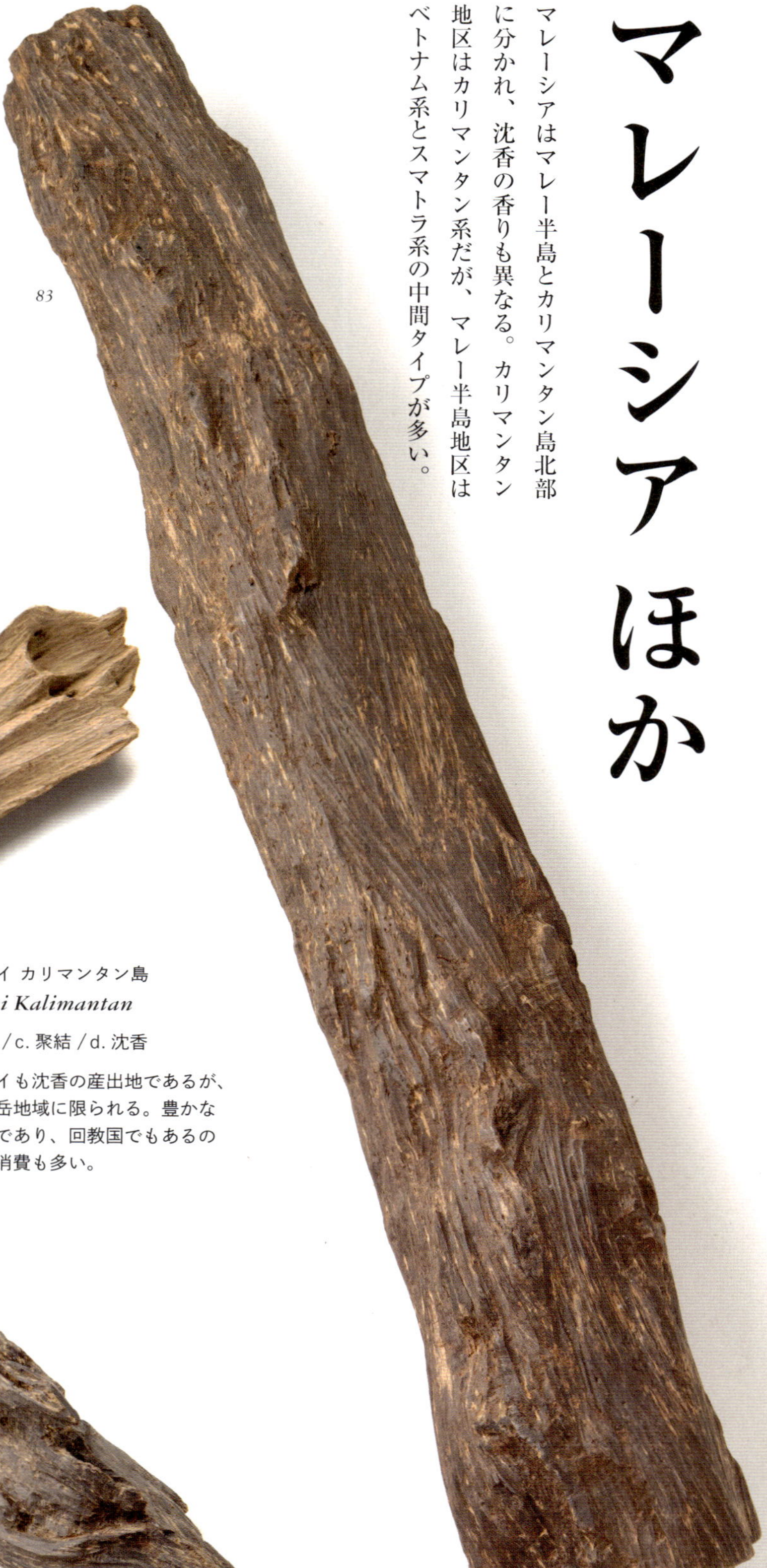

83

84

84.
ブルネイ カリマンタン島
Brunei Kalimantan

a. 黄皮 / c. 聚結 / d. 沈香

ブルネイも沈香の産出地であるが、国境山岳地域に限られる。豊かな産油国であり、回教国でもあるので国内消費も多い。

85

85.
ブルネイ カリマンタン島
Brunei Kalimantan

a. 黒皮 / c. 熟結 / d. 沈香

北部サバ地域の沈香。サラワク沈香より、いくぶん軟らかい。

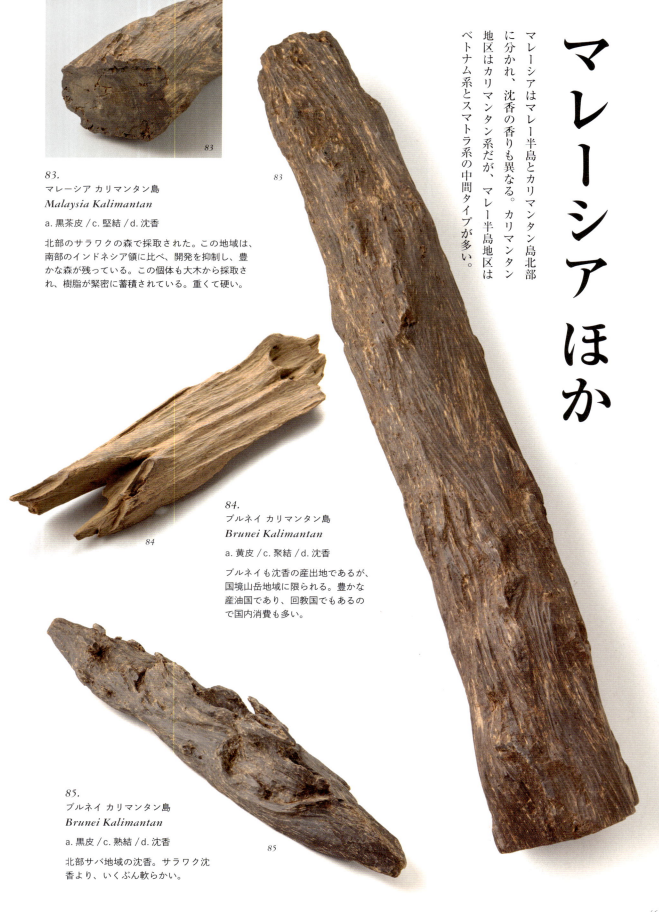

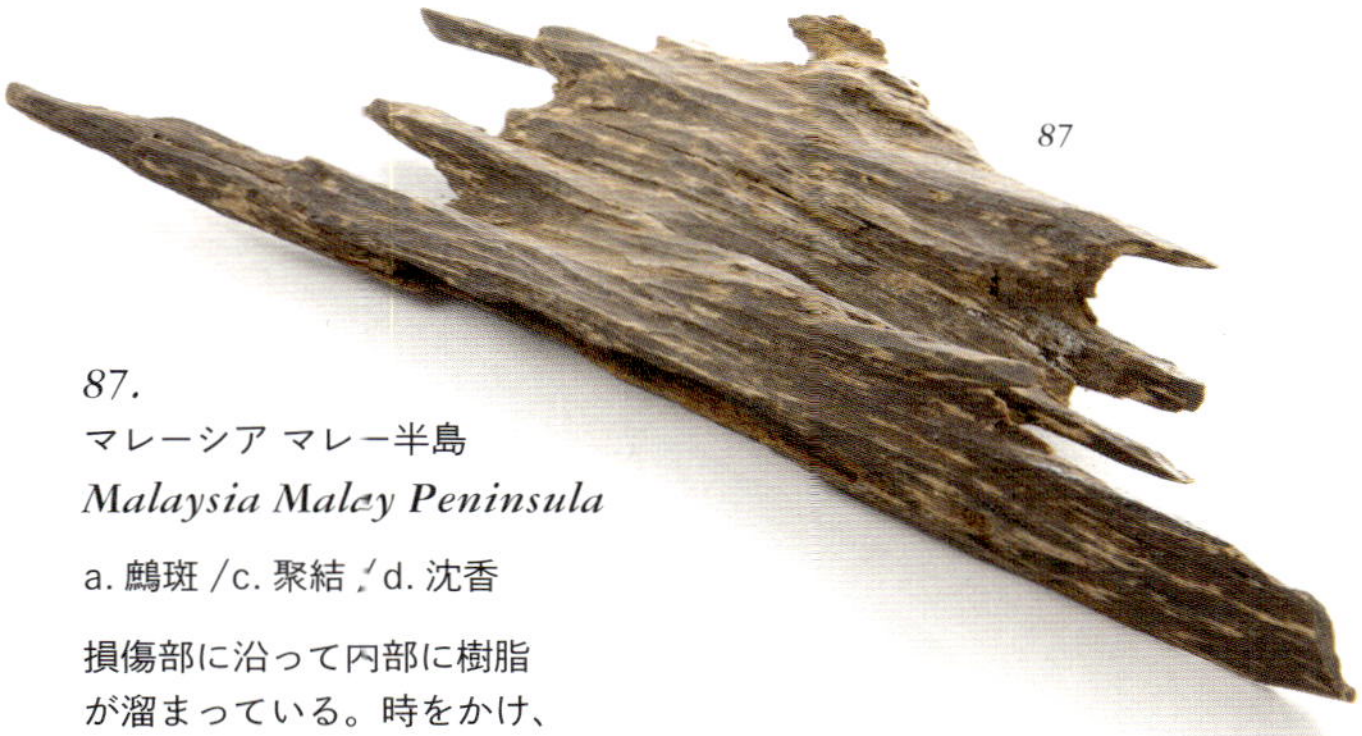

87

87.

マレーシア マレー半島

Malaysia Malay Peninsula

a. 鶉斑 / c. 聚結 / d. 沈香

損傷部に沿って内部に樹脂が溜まっている。時をかけ、段階的に蓄積した。

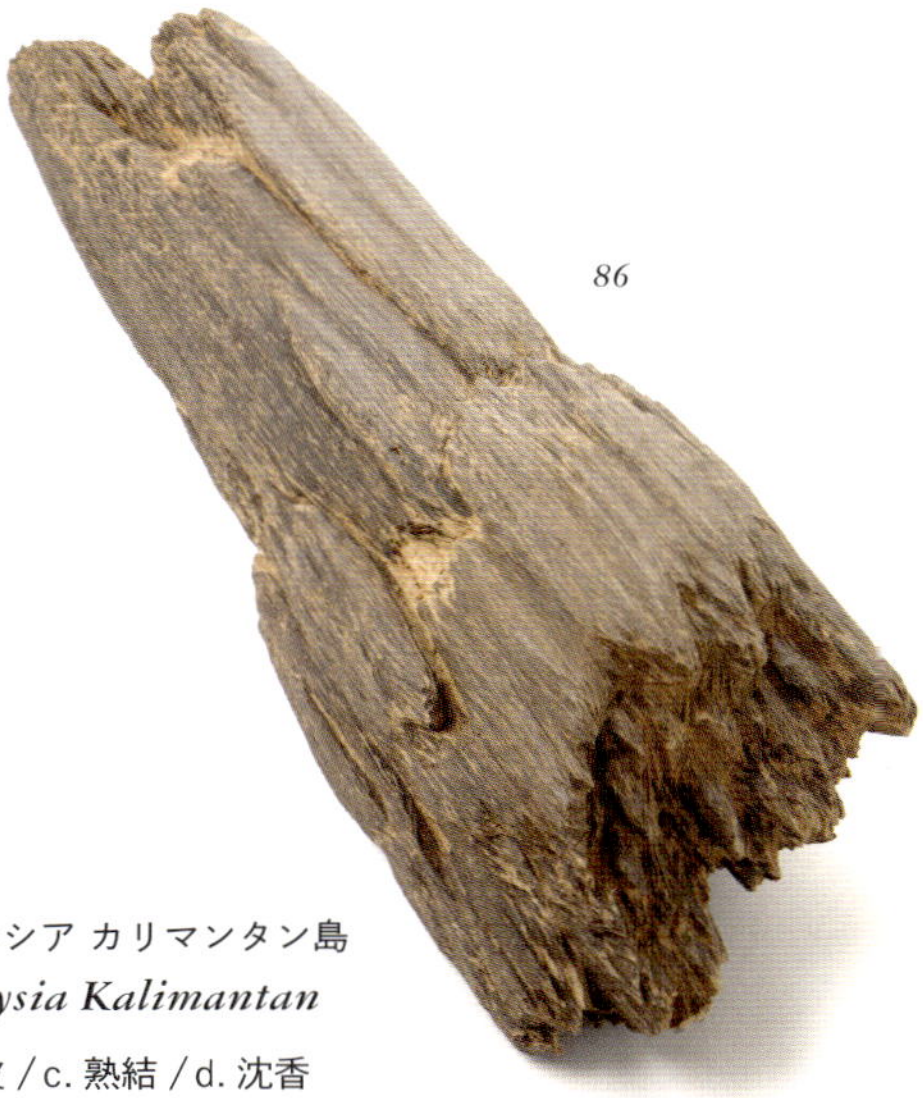

86

86.

マレーシア カリマンタン島

Malaysia Kalimantan

a. 茶皮 / c. 熟結 / d. 沈香

この個体もサラワクの森で採取された。樹脂が多く沈着しており、濃厚な香り。

88

88.

タイ マレー半島

Thailand Malay Peninsula

a. 黄皮 / c. 密結 / d. 沈香

マレー半島山間部スラットターニー近辺で採取された沈香。ベトナム系とインドネシア系の中間的な香味。

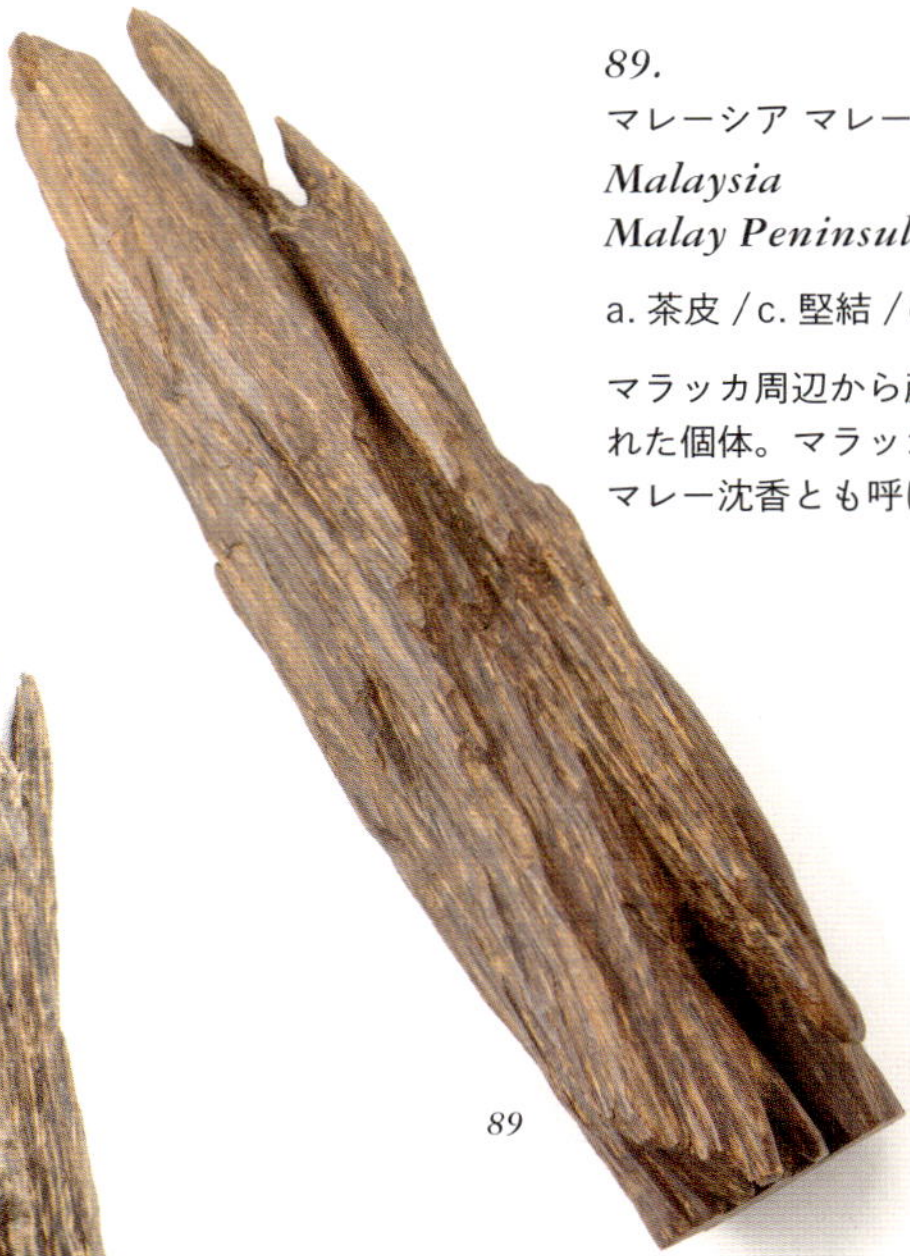

89

89.

マレーシア マレー半島

Malaysia
Malay Peninsula

a. 茶皮 / c. 堅結 / d. 沈香

マラッカ周辺から産出された個体。マラッカ沈香、マレー沈香とも呼ばれる。

90

90.

マレーシア マレー半島

Malaysia Malay Peninsula

a. 鶉斑 / c. 聚結 / d. 沈香

幹の表皮の損傷部に樹脂が溜まったケース。損傷度合いにより樹脂の量が違うので、表皮を取り去るとこのようになる。

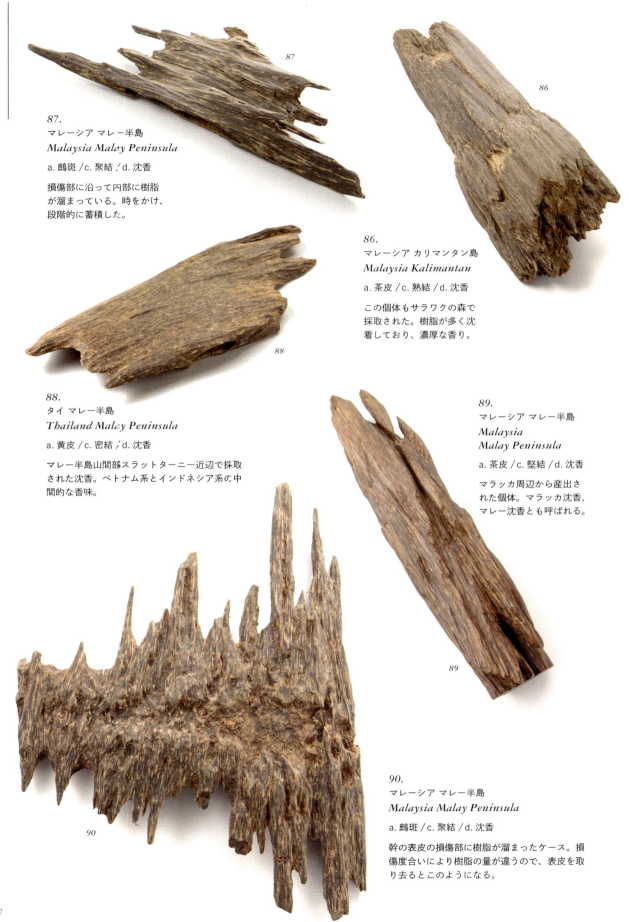

その他の地域

ベトナムやインドネシアなどの主要な産地周辺にも採取可能な地域は薄く広がる。この中ではベトナムに隣接するラオスの産出が多い。

91

91.
フィリピン パラワン島
Philippines Palawan

a. 黄皮 / c. 聚結 / d. 沈香

カリマンタンに近いパラワン島でも沈香は産出するが、香味は薄い。

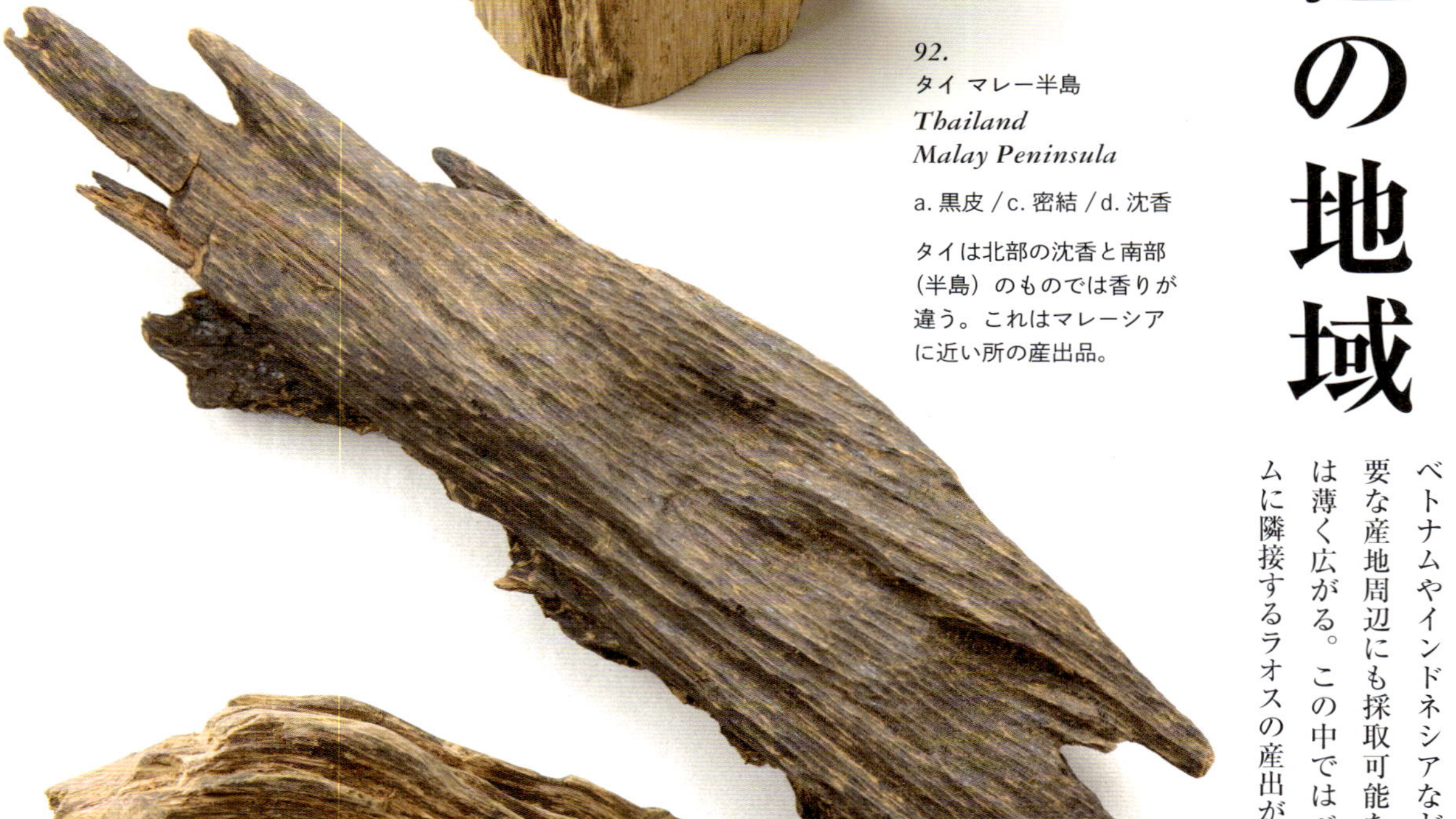

92

92.
タイ マレー半島
Thailand Malay Peninsula

a. 黒皮 / c. 密結 / d. 沈香

タイは北部の沈香と南部（半島）のものでは香りが違う。これはマレーシアに近い所の産出品。

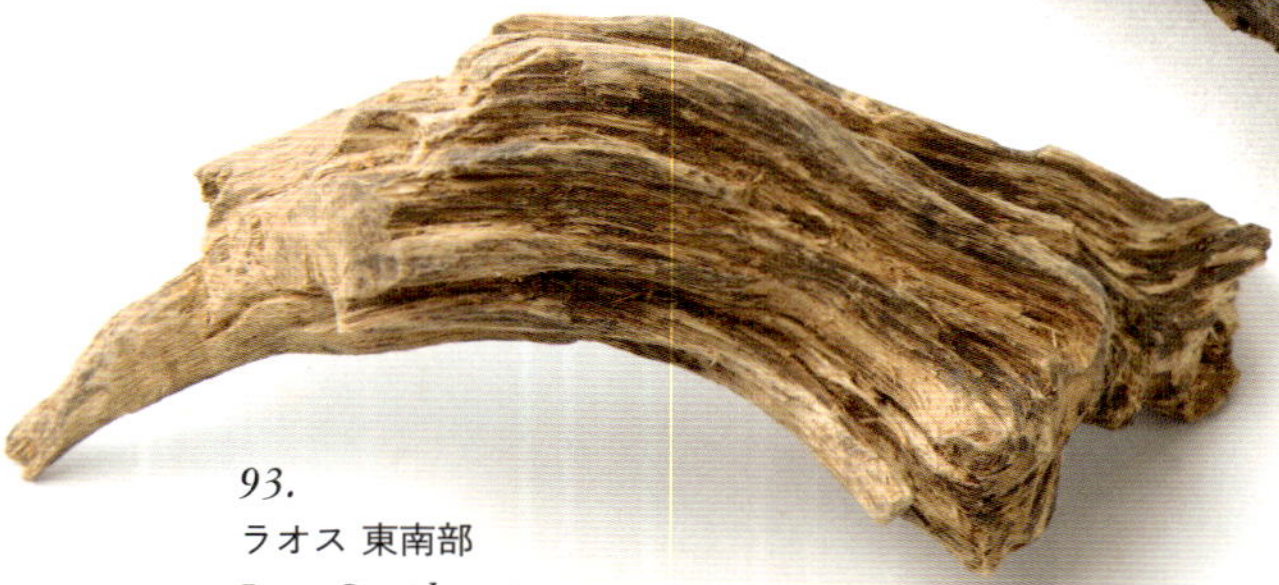

93

93.
ラオス 東南部
Laos Southeast

a. 縞皮 / c. 聚結 / d. 沈香

樹脂が重層状に沈着している。このタイプは部位により香りがかなり違ってくる。

94

94.
インド アッサム
India Assam

a. 茶皮・鶉斑 / c. 密結 / d. 沈香

写真の 2 つはアッサム沈香で、紅茶や香辛料と同じ地域で採れる。

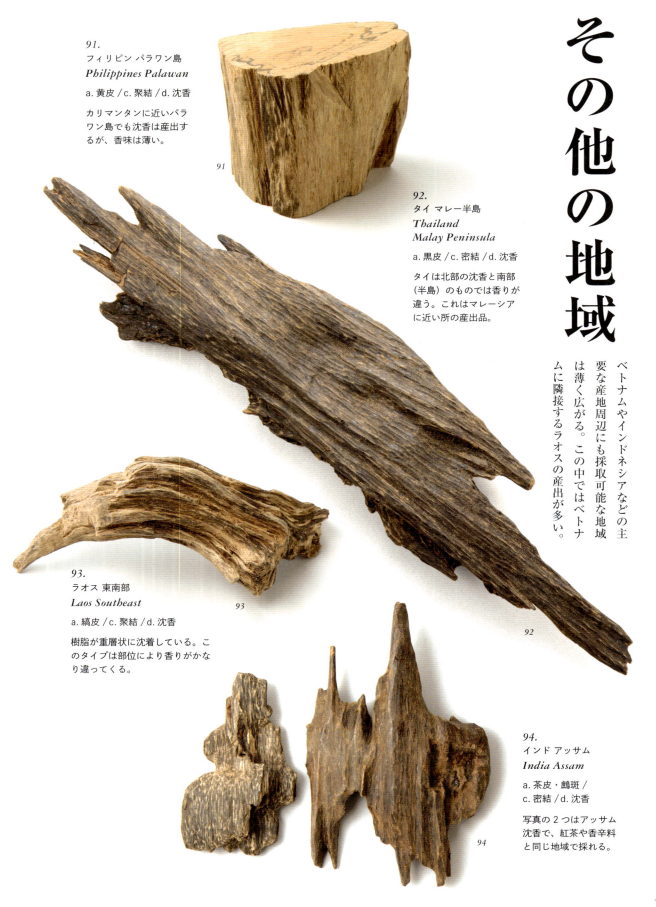

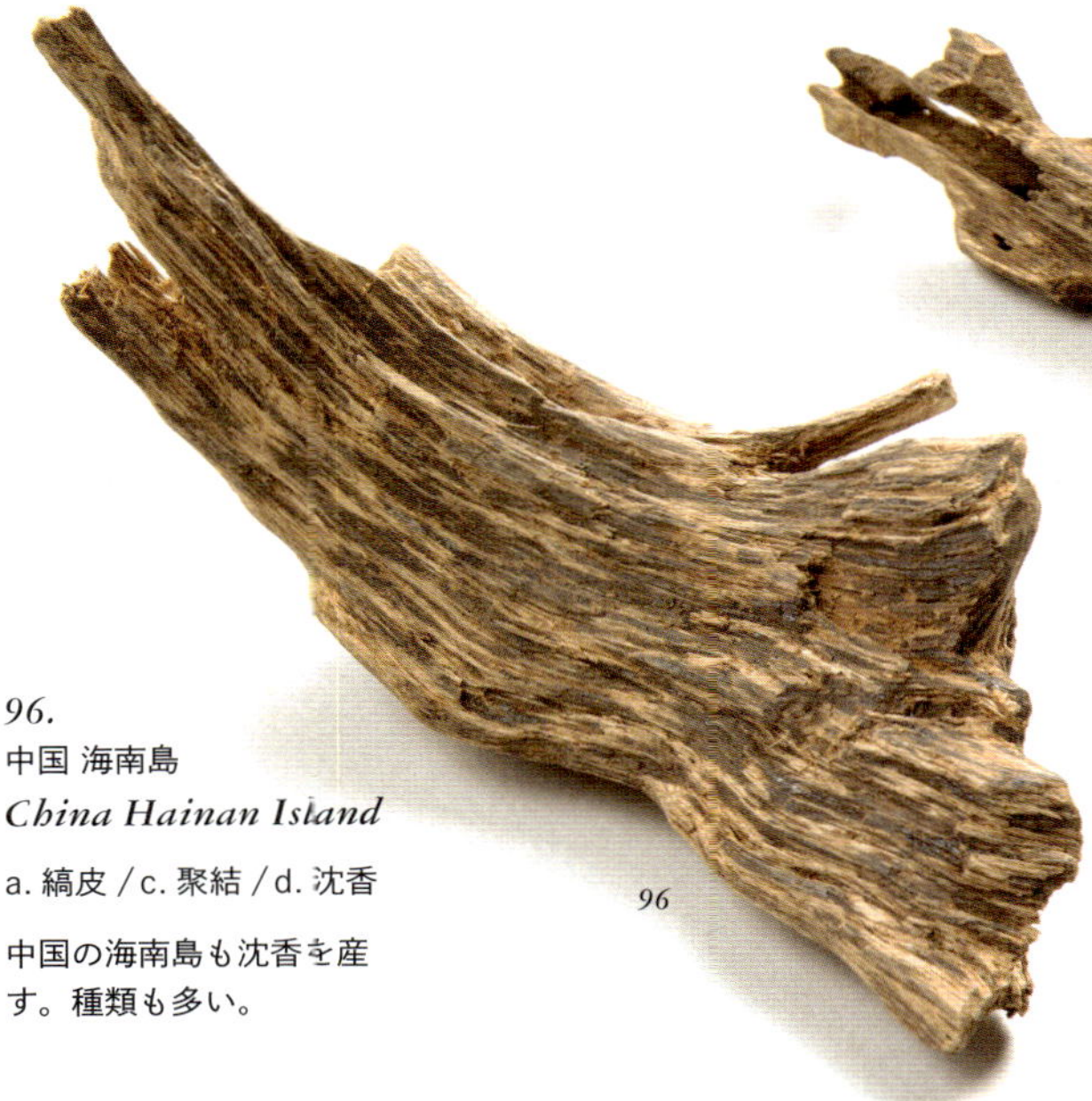

96

96.
中国 海南島
China Hainan Island

a. 縞皮 / c. 聚結 / d. 沈香

中国の海南島も沈香を産す。種類も多い。

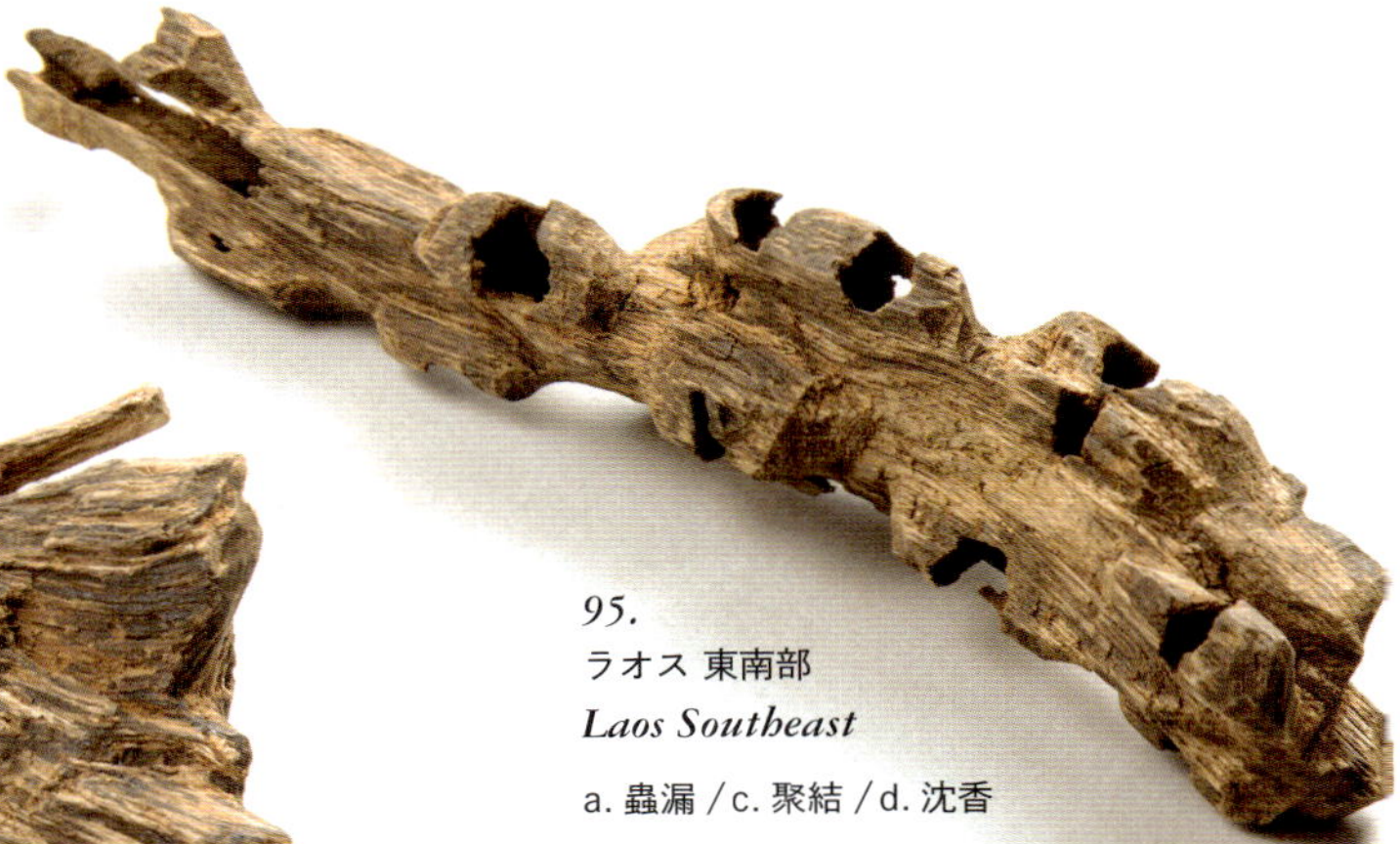

95

95.
ラオス 東南部
Laos Southeast

a. 蟲漏 / c. 聚結 / d. 沈香

ラオス沈香は、安南山脈に多く産し、ベトナム経由で出荷されることが多い。

97

97.
ミャンマー 西部
Myanmar West

a. 黄皮 / c. 聚結 / d. 沈香

ミャンマーの沈香は淡白だが、品のある香りがする。香りは佐曾羅系。

98

98.
カンボジア 北東部
Cambodia Northeast

a. 奇肉 / c. 熟結 / d. 沈香

ゆっくりと樹脂が沈着した良質品。カンボジアの沈香もベトナム経由で出荷されることが多い。

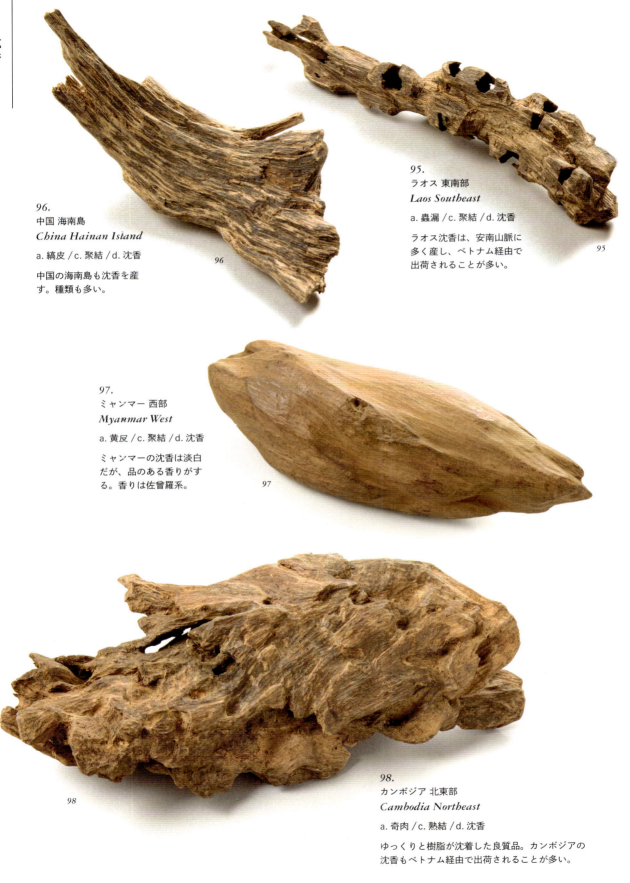

赤《しゃく》梅《せん》檀《だん》など

聞《もん》香《こう》用の香木の中に、沈水香以外の材で、定義は幅広くあいまいだが、赤梅檀と総称する香木群がある。同種の香りを何度も聞くと嗅覚が麻痺するため、まったく傾向の違う香木を使用する。これを「鼻休め」などと呼ぶこともある。

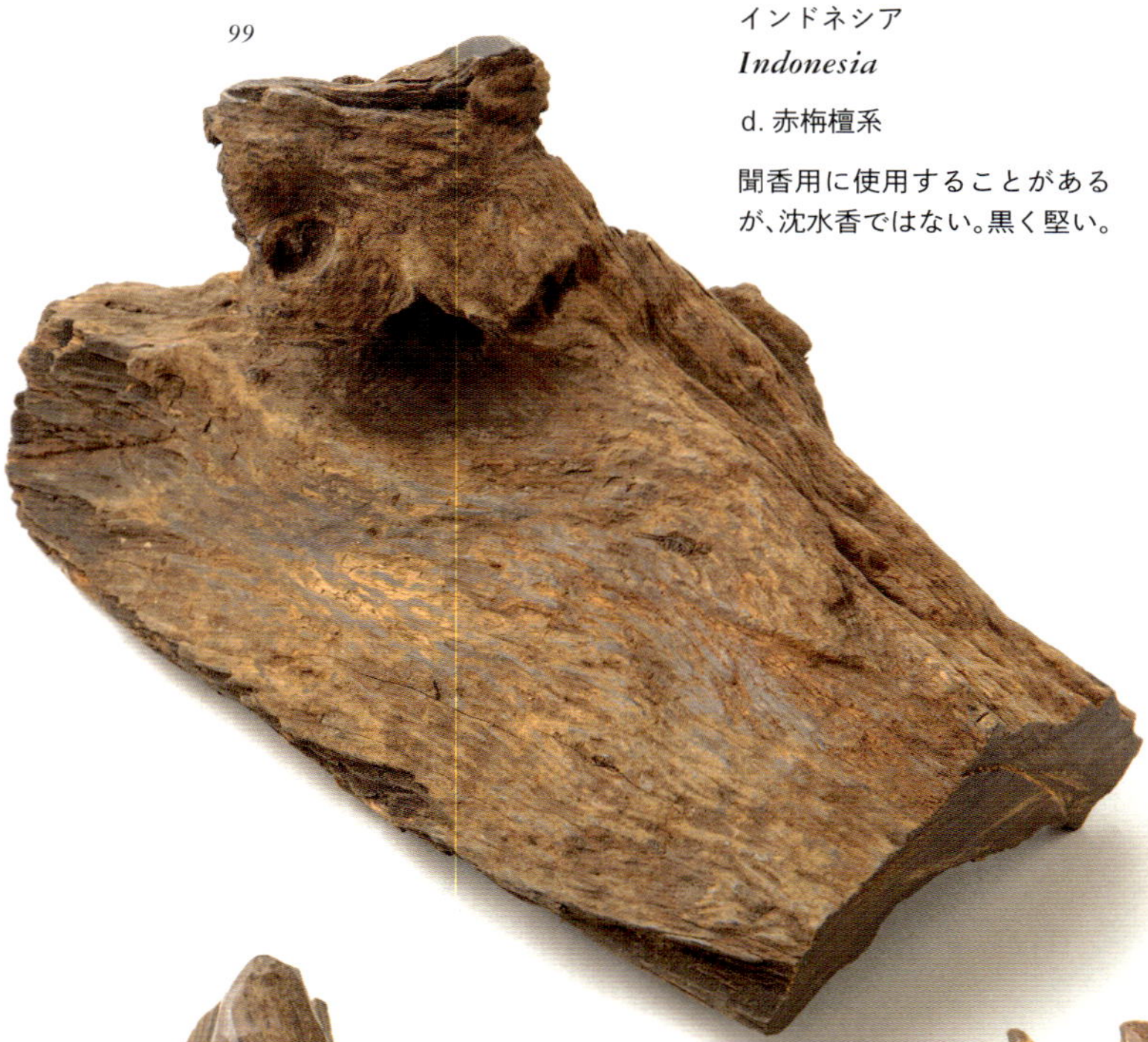

99

99.
インドネシア
Indonesia

d. 赤梅檀系

聞香用に使用することがあるが、沈水香ではない。黒く堅い。

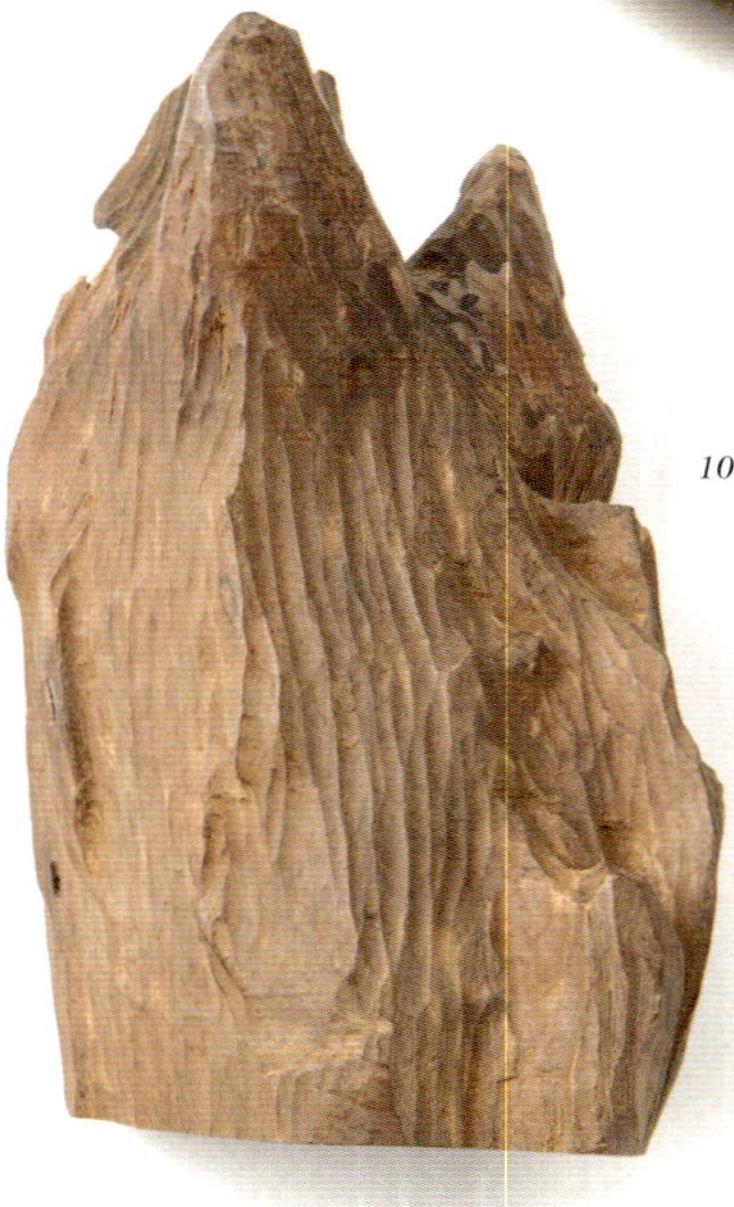

100

100

100.
インド
India

d. 赤梅檀系

堅く重量感がある。断面も黒い。

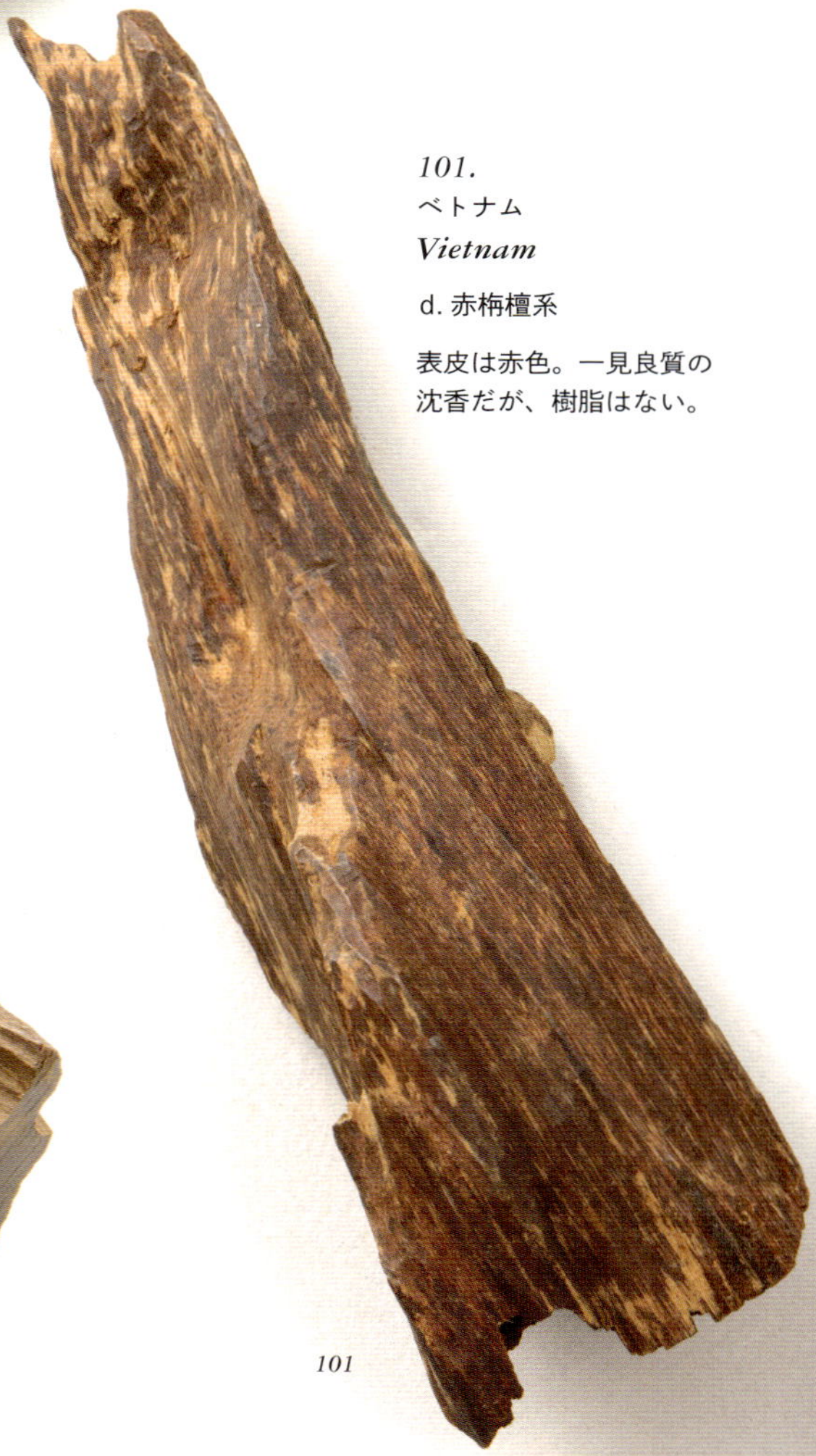

101

101.
ベトナム
Vietnam

d. 赤梅檀系

表皮は赤色。一見良質の沈香だが、樹脂はない。

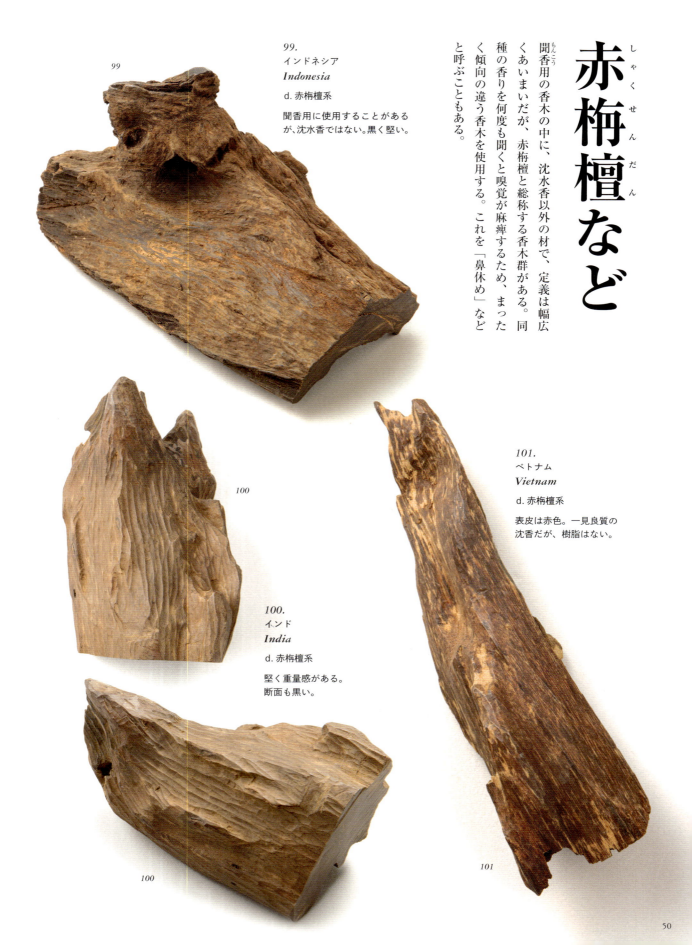

聞香には通常さまざまな沈水香を用いるが、それらが入手できない場合、古杉や伊吹など硬木の芯材や、なんらかのいわれのある木を用いる。これを和香木《わこうぼく》と呼んでいる。

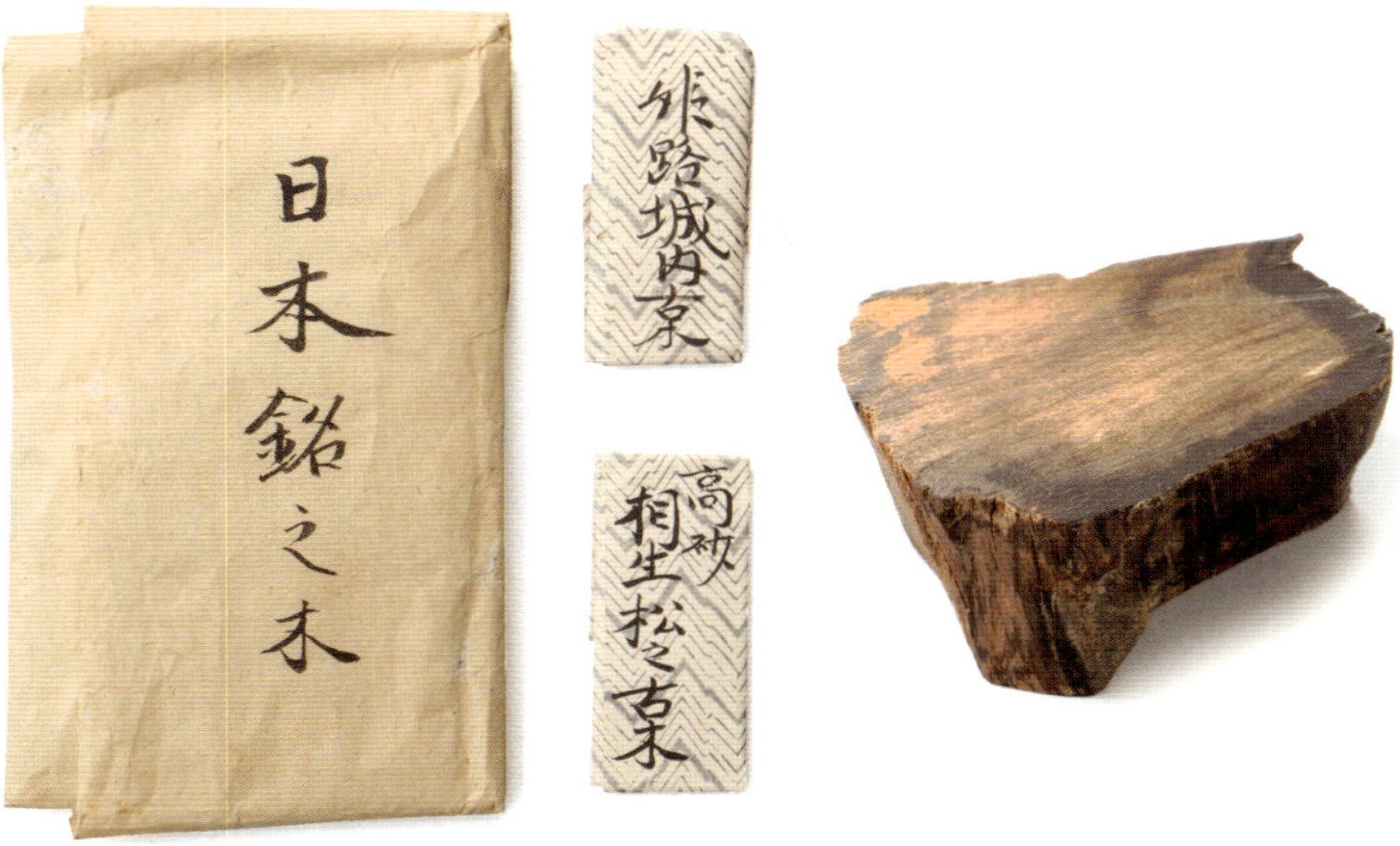

和香木の一種。沈香ではなく、日本国内の希少な古木を用いる。右側は屋久杉、
中央のたとう紙には「姫路城内古木」「高砂相生松之古木」などといわれが記されている。

102

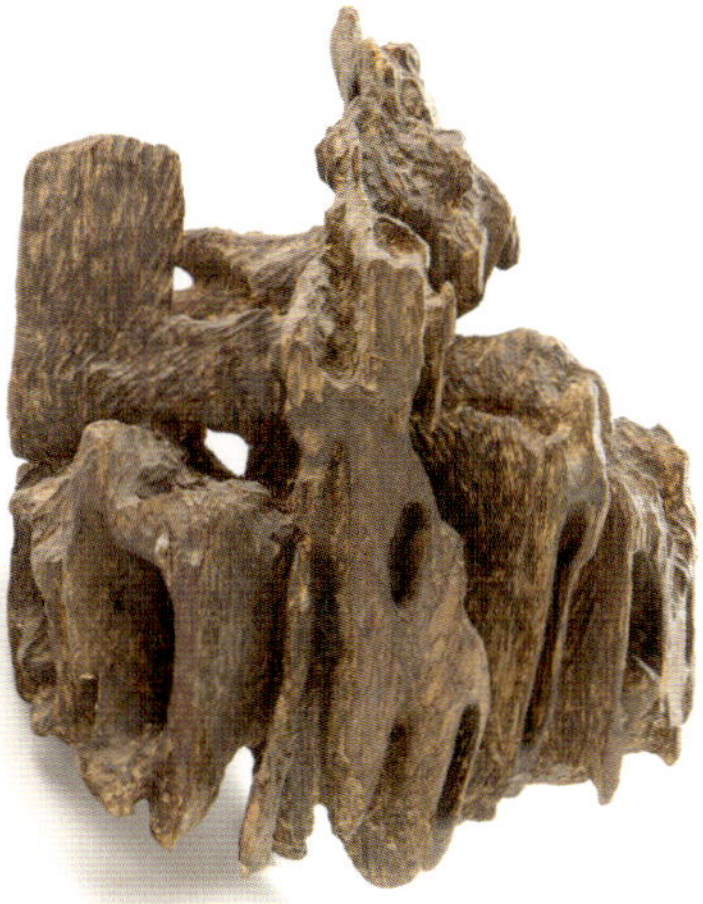

102

102.
ベトナム
Vietnam

d. 赤栴檀系

上から写したもの(左)と横から見たもの(右)。
芯だけが残った栴檀系の古木。

沈水香の形成過程

103.
インドネシア スマトラ島
Indonesia Sumatra

d. 沈香

原木のどこかが損傷すると樹脂が樹内に発生し、その部分を保護する。この場合は、表皮の傷を保護すべく裏側に樹脂が溜まりかけている。

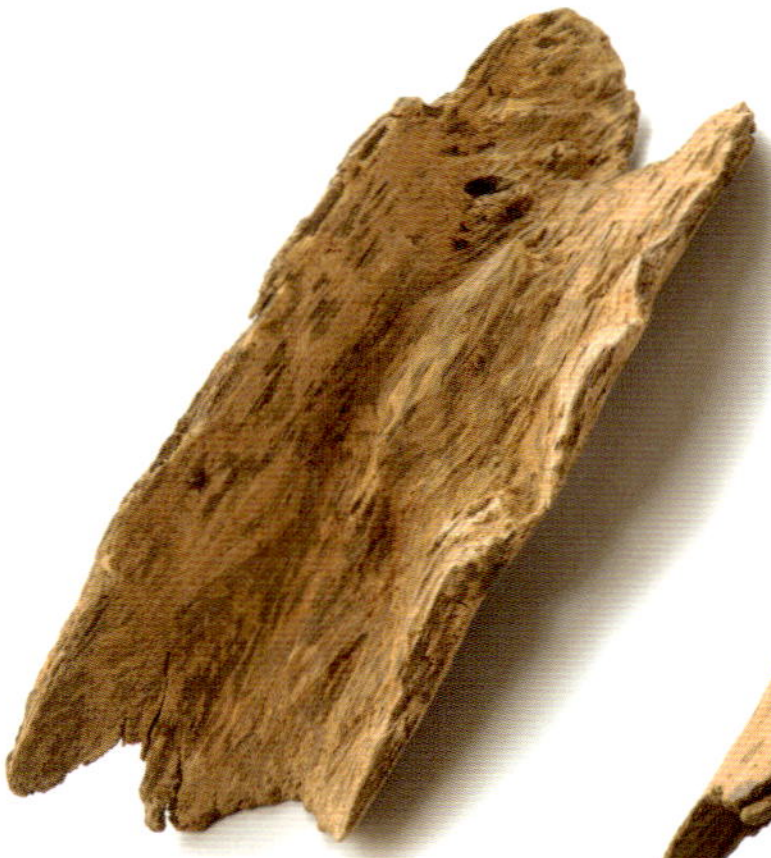

103
内部

103
表皮部

104.
ベトナム カインホア省 西部
Vietnam Khanh Hoa West

d. 伽羅

103 と同じ過程の伽羅の例。樹脂の蓄積はこれから。

104
内部

104
表皮部

105.
ベトナム ダクラク省 東部
Vietnam Dak Lak East

d. 伽羅

表皮裏から中心部まで樹脂が沈着している例。蓄積は未完。

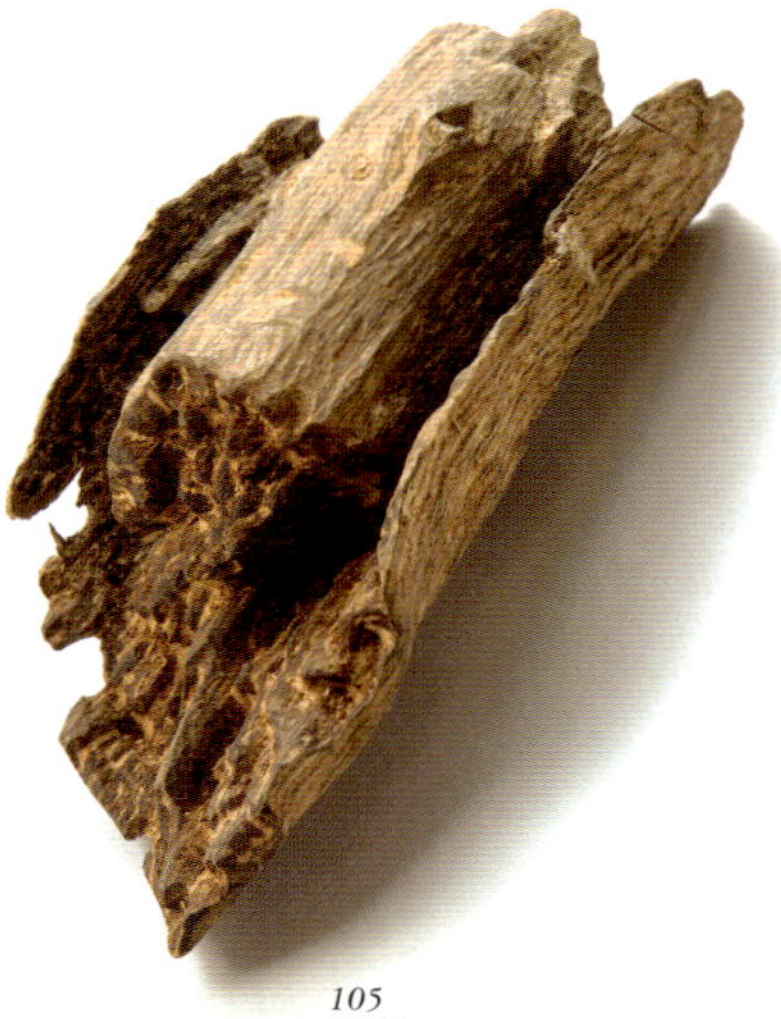

105
内部

105
表皮部

伽羅や沈香は、どのようにできるのでしょうか。香木が樹脂を蓄積していくことを香結と呼び、沈香樹の一部が損傷したり、病変すると、その部分から樹脂が溜まり始め、樹の中で熟成し、香木になる訳です。しかし、同一条件下であってもすべての原木に樹脂が溜まる訳ではなく、その確率はたいへん低いものです。原因は気象なのか、土質なのか、あるいは原木自体の遺伝子が関係するのか、はっきりとわかっていません。が、樹脂の溜まり方にはいくつかのパターンがみられます。ここでは香り成分が形成されてゆく過程がわかる香木をいくつか紹介します。

52・53頁記載の写真は樹皮の損傷部や病変部から、内部へ向けて樹脂が蓄積されてゆく状況です。そして樹内に侵蝕していく樹脂は、もっとも弱い中心部へ向かいます。106のように表面の損傷部から中心部を円形に囲むように蓄積する事例が多いようです。これは一例ですが、他にもいろいろな溜まり方があります。

また、香木の外形については、樹の内部での蓄積場所、樹脂の出方、原木の生育状態などにより変化します。樹脂の形成が終わり、その部分を採取したら、最後の仕上げが待っています。

それは樹脂の溜まりのもっとも外側に沿って、特殊な鑿《のみ》で、表面を削ることです。沈香や伽羅の表面についている無数の溝は、すべてこの鑿の削り跡なのです。

106

106.
インドネシア カリマンタン島
Indonesia Kalimantan

d. 沈香

105 同様に、中心部まで樹脂が沈着している例。

108

107

108.
ベトナム カインホア省 西部
Vietnam Khanh Hoa West

d. 伽羅

伽羅の樹脂は、まず全体に薄く広がり、さらに樹脂を出して厚くなってゆく。黒い部分が新しい樹脂。これは病変のケース。

107.
ベトナム ダクラク省 東部
Vietnam Dak Lak East

d. 伽羅

幹の内側全体に樹脂が溜まり、筒状になっている。樹脂のない部分が腐るのを待ち、ノミで削って仕上げる。

109.
ベトナム ラムドン省 北部
Vietnam Lam Dong North

d. 伽羅

樹脂の溜まってゆく様子がわかる例。年輪（写真右）に関係なく、内側に向かって蓄積中。時が経てば、全体が黒っぽくなる。

109

109

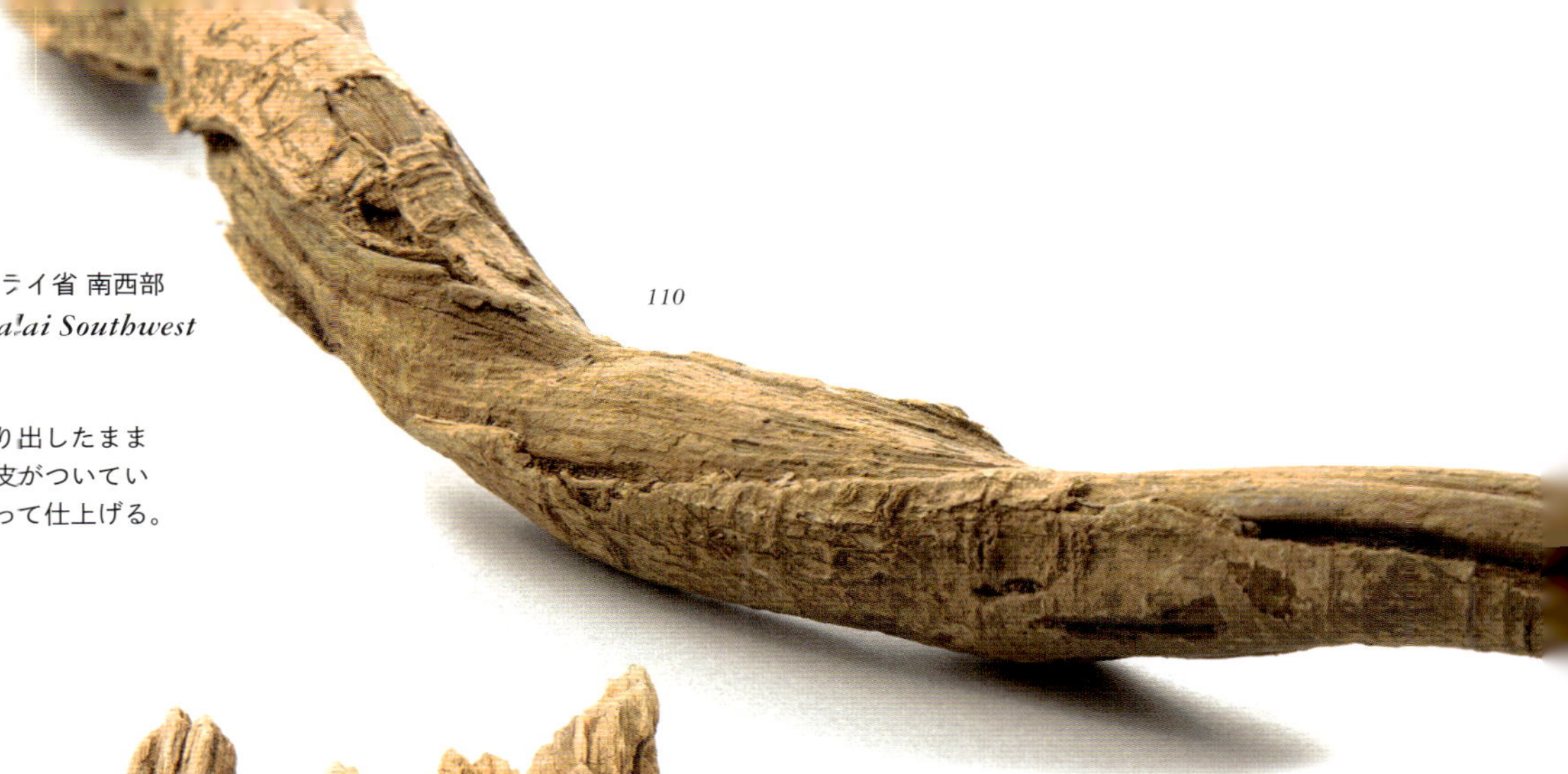

110

110.
ベトナム ジアライ省 南西部
Vietnam Gialai Southwest

d. 伽羅

根の部分。取り出したままの状態で、表皮がついている。これを削って仕上げる。

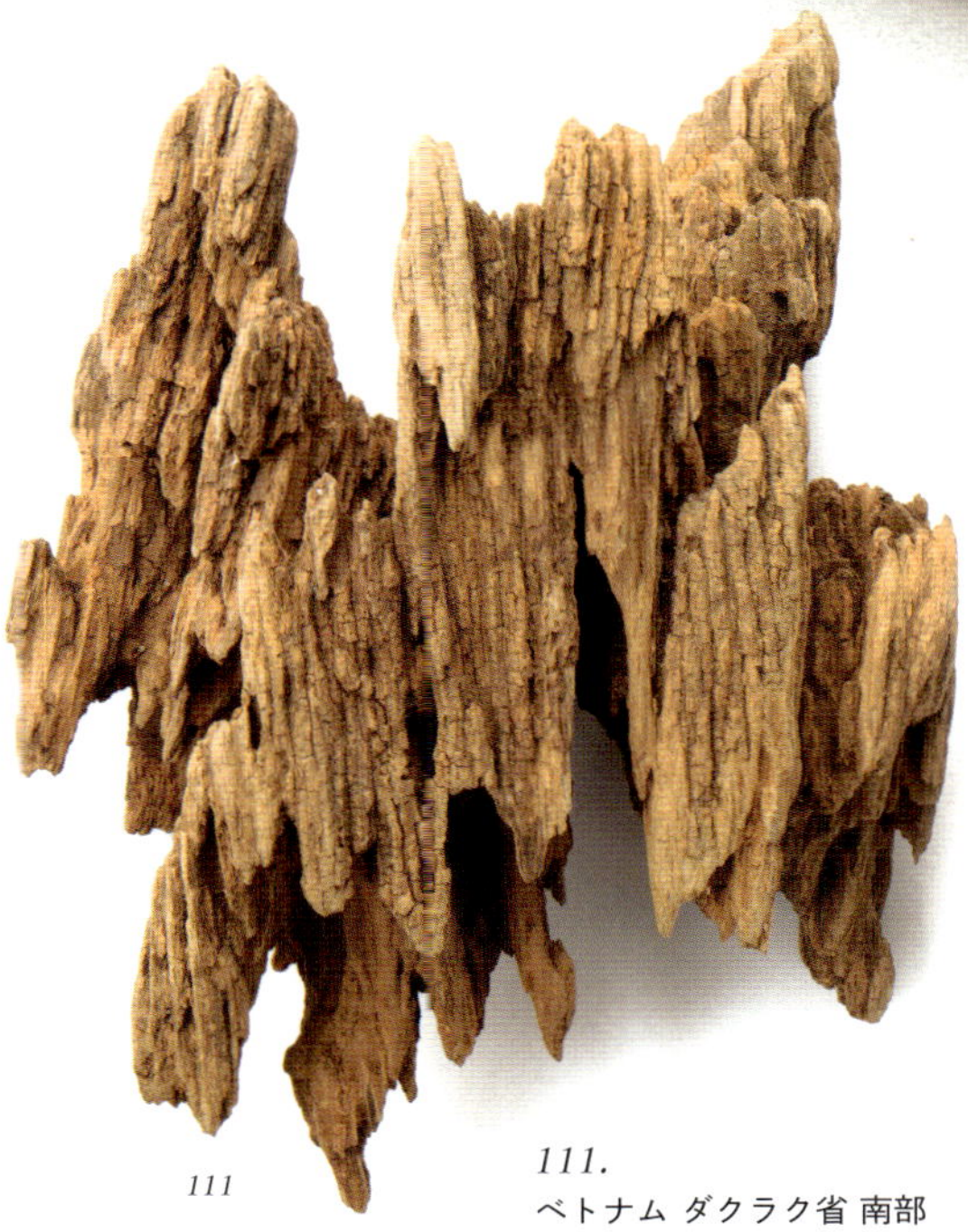

111

112

111.
ベトナム ダクラク省 南部
Vietnam Dak Lak South

d. 伽羅

原木が枯れ、倒木となって、蟻や雑菌により腐蝕し、樹脂のある部分だけが残った香木。採取時の状態。

113

112.
ベトナム ダクラク省 南部
Vietnam Dak Lak South

d. 伽羅

同じ木ではないが、111 をノミで仕上げ、表面の樹脂のない部分を取り去ると、このような見事な紫油の伽羅が現れる。

113.
ベトナム コントゥム省 西部
Vietnam Kon Tum West

d. 沈香

腐蝕に対応して樹脂が溜まりかけたが、数ミリで終わってしまったもの。栽培沈香はもちろん、自然林でもこの段階で終わるのがほとんどである。

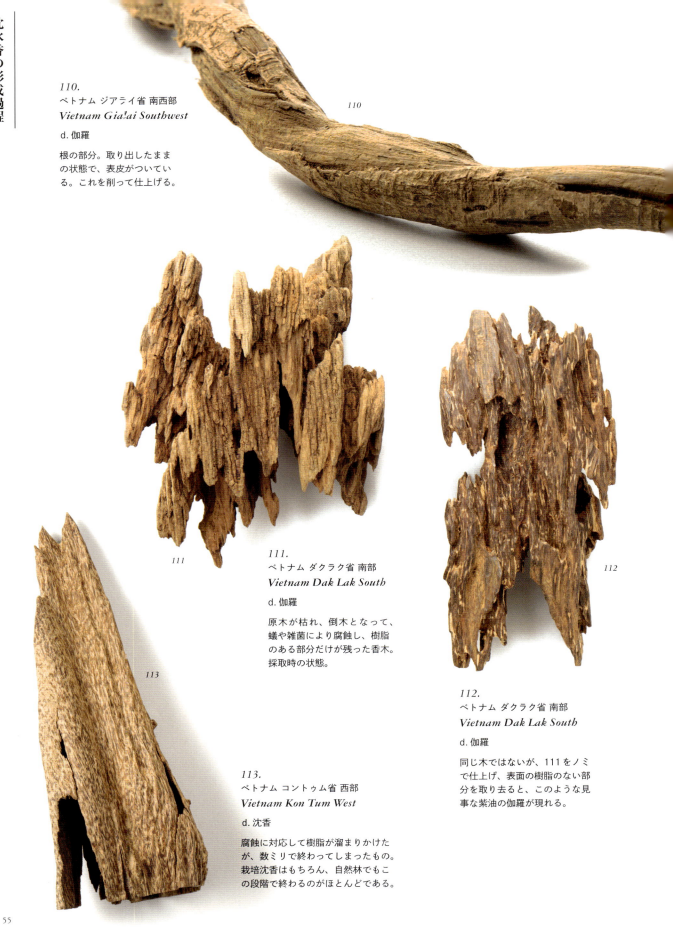

白《びゃく》檀《だん》

香材としての白檀は、インド系とオーストラリア系、そして東アフリカ系に分かれます。左頁写真のインドネシアからスリランカまでがインド系、ニューギニアからハワイまでがオーストラリア系、そして残りが東アフリカ系になります。香りの質的には、インド系が他を圧倒し、白檀といえば、この系統を指すようになりました。

インドネシアのチモールを原産地とするインド系白檀は、移植されたインドの気候風土が適合し、本家よりさらに良質なため、敬意を込めて老山《ろうざん》白檀と呼ばれます。なかでもインド南部のマイソール周辺の赤土でやせた岩地が多い山間部の北斜面で、ゆっくり育った樹が最上質であり、特別に「マイソール老山白檀」と呼ばれていました。

過去形を使ったのは、マイソールでは乱獲により、今は採取できなくなってしまい、産地は南西部へ移っているからです。現在、白檀はインド政府が植林や伐採、販売を管理しています。ただ、白檀は大木になるのですが、半寄生の木で生育にも時間がかかるため、植林も簡単ではありません。そのためインドでは五十グラム以上の材は、輸出禁止となっており、丸太状の材は持ち出せません。しかし、ご多分にもれず、密伐採が横行し、密輸出も絶えません。インド政府は厳しく対応しており、密伐採グループの摘発に力を入れています。

白檀の香味は、幹や根の芯材に含まれる精油であり、樹脂が沈着した沈水香とは根本的に違うものです。

芯材をそのまま使用する場合は、まず表皮と精油のない白い部分を取り去り、一メートル程度に切断し、三十本程度を井桁《いげた》に組み、一年近く自然乾燥させせます。そうすることによってようやく白檀と呼ばれる香原料になるのです。あらゆる薫香に使用されるほか、工芸品にも適し、正倉院にも多く所蔵されています。

白檀油の場合は、表皮のみを取り、水蒸気蒸留します。白檀油は香水や化粧品などに多用されるなど、使用範囲の広い、重要な精油です。そのため白檀資源の復興が大きな課題となっています。なお、本頁の白檀は規制以前の輸入品です。

原産国（インドネシア）

原産国インドネシアの白檀。直径25センチの大木、インド産に比べ色は薄い。

老山白檀（インド）

インドの老山白檀。直径29センチの大木、断面にインド政府の刻印あり。

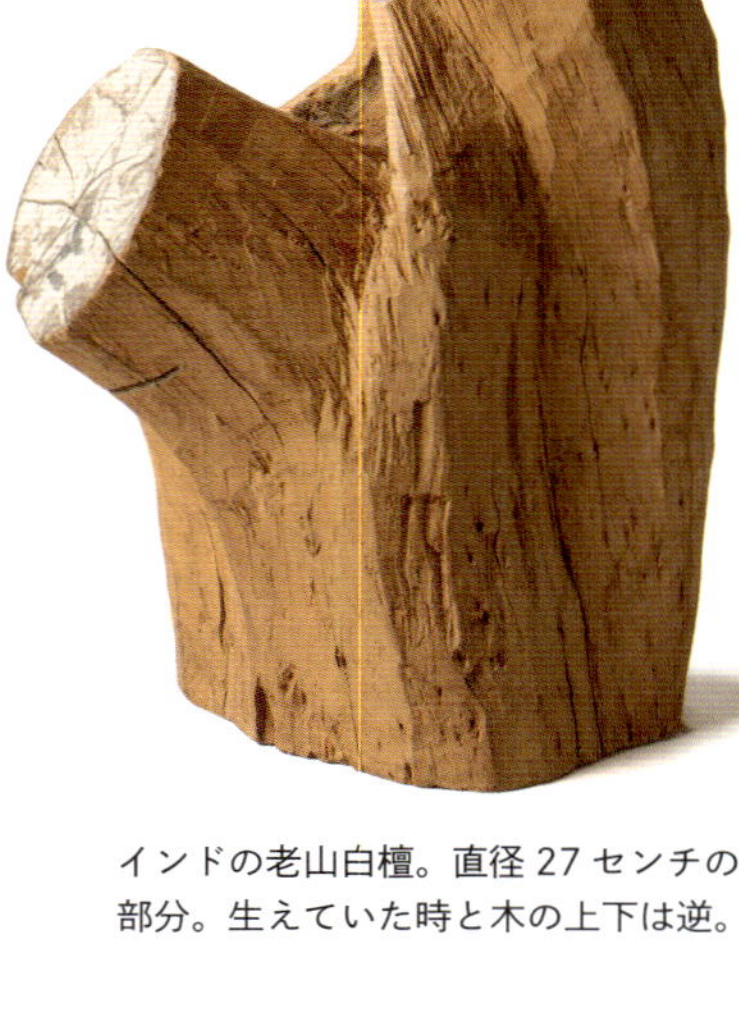

インドの老山白檀。直径27センチの根の部分。生えていた時と木の上下は逆。

東アフリカ系

インド系

東アフリカ諸国

スリランカ

インド

インドネシア

オーストラリア系

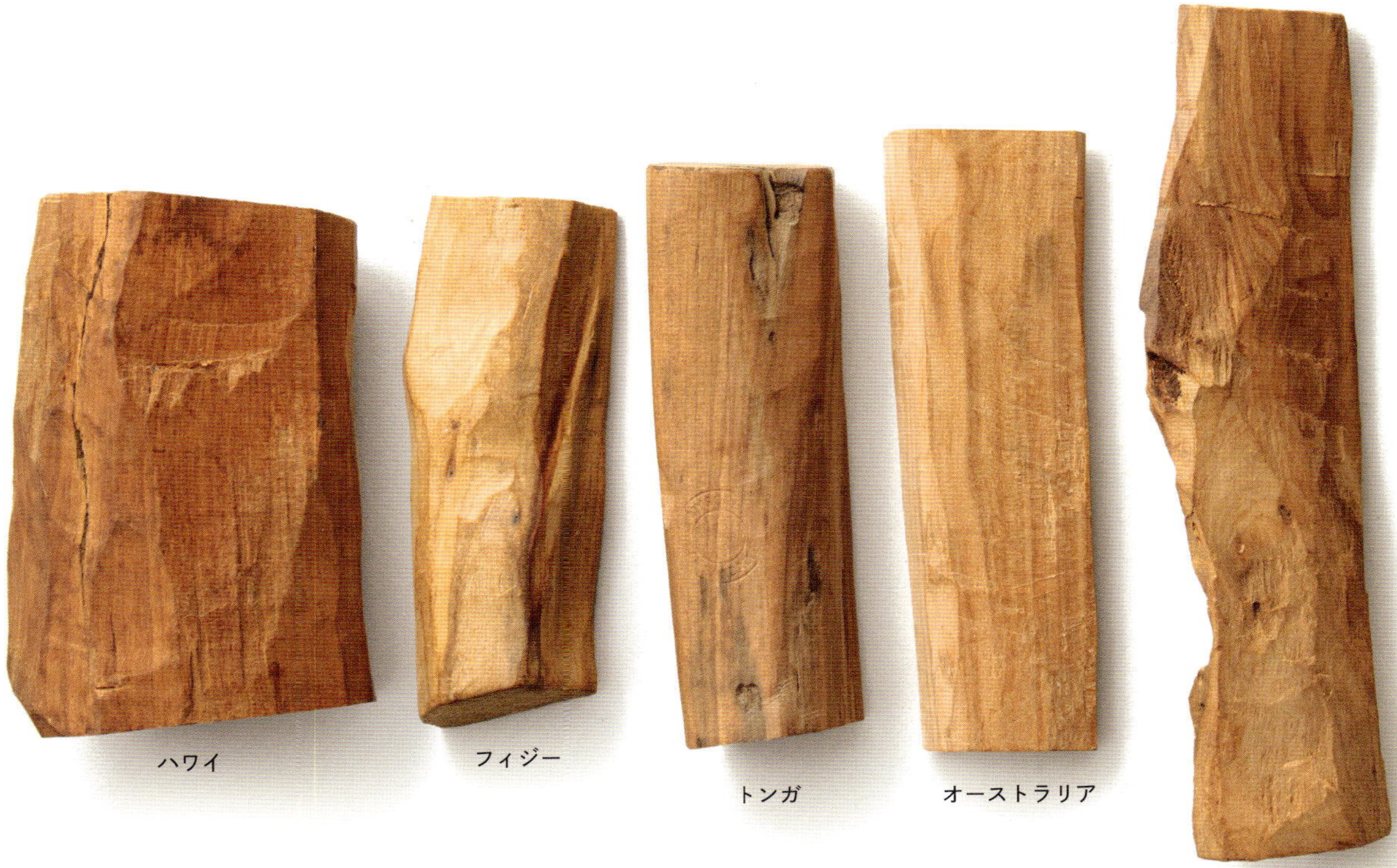

ハワイ

フィジー

トンガ

オーストラリア

ニューギニア

現在、白檀といえば、インド系白檀（santalum album）を指すが、資源減少のため、他系統の白檀輸入も増えている。オーストラリアと南太平洋諸島の白檀を、オーストラリア系白檀（eucarya spicata など数種）と総称しているが、東アフリカ系白檀（osyris tenuifolia）とともに香りは弱い。しかし、最も良質のインド産白檀自体、野生の大木が減り、品質は落ちている。

白檀原木

白檀の原木。中心の精油を持つ
芯材のみを、白檀と称する。

白檀の原木の断面部。

白檀加工品

刻み白檀

単品で使用したり、調合香の
ベースにもなる。

角割白檀

主に寺院の儀式や茶道に用いる。

粉末白檀

薫物や線香などのベースにな
る。スパイスとしての使用も。

重ね白檀（乱白檀）

このように薄く輪切りにしても形が
崩れないのは、精油が潤沢なため。

白檀加工品（工芸品）

白檀八角箱（正倉院御物写）

白檀は工芸品の材としても古くから用いられてきた。仏像の材としても同様。これは直径 35 センチほどの箱で、白檀を板にして張り合わせて彫刻している。

白檀扇子

京都製の手彫りの扇子。白檀はこのような繊細な加工でも割れたりしない。

インドの老山白檀

50グラム以上の白檀原木はインドでは輸出禁止だが、工芸品としてなら輸出可能な時代があった。これは、その当時の加工品。ランプスタンドになっている。

コラム

香木と他の香原料から生まれる香り

香りのアンサンブル調合香

聞香《もんこう》で用いる香木はいわば単独で奏でるソリスト。それに対して焼香・薫物《たきもの》・匂ひ香・塗香《ずこう》・印香《いんこう》・線香などの調合香は、数種から数十種で合奏するアンサンブルです。そしてアンサンブルの場合も、やはり沈香が中心的役割を受け持っています。主な調合香を以下にあげます。

焼香 —— 調合香として、最も古いのは、供香としての焼香。焼香は十種類前後の香原料を刻み、沈香・白檀をメインに、好みの割合で混合しますが、仏教伝来時は調合済みの渡来品だったようで、調合内容の詳細は不明です。この頃の焼香には、供香として、鎮静効果を高める役割と、もう一つは今まで経験したことがない、まったく未知の香りで、人々の仏教への畏怖の念を高める役割がありました。

薫物 —— その後、平安時代に薫物と呼ばれた練香が登場しますが、この頃から日本の調合技術が脚光を浴びることになります。薫物の製造法は、「源氏物語」にも詳述されていて、香原料を粉末にし、沈香中心に五～十種程度を混ぜて練り上げます。多くの貴族たちが薫物作りに熱中し、幾多のレシピが伝承されています。では、なぜそれほどまでに薫物作りに熱中したのでしょうか。

当時の平安京は下水設備がほぼなく、簡易な側溝に汚物を流しており、いわば不浄な町でした。この住環境のなか、自分の屋敷内だけでも芳香で満たしたいと考えた貴族たちの必須の教養として、香料の調合法を競う薫物がありました。しかし、上質の薫物を作るには、上質の香原料が必要となります。香原料は遣唐使などによってもたらされましたが、その頻度は低く、しかも上級貴族から順に上質品を手に入れていました。つまり自邸から良質で高貴な香りを漂わすことは、調合技術の教養を誇示すると同時に、自分の権力の度合いをも誇示することができた訳です。また薫物は屋敷内で薫くほか、衣裳や懸想文《けそうぶみ》にも香りを付け、自分の存在を香りで示すこととして用いました。体臭とは異なる自分自身の創作の香りを持ち、秘伝の調合法をも文書化しているのは、世界的にみてもかなり高度な文化力といえます。

匂ひ香 —— 薫物全盛時、衣裳に香りを付けるのは薫物だけではなく、衣裳櫃などに匂ひ香を入れることも多く、その調合法も残っています。匂ひ香は焼香のように、香原料を刻み、調合しますが、使用時に加熱しないので、原料も常温でよく香るものを主に選びます。したがって焼香と匂ひ香は、外観は似ていても中身はかなり違います。

塗香 —— もう一つ常温で使用するものに塗香があり、これは手や体に塗って、清めるための香で、粉末の香原料を調合します。

印香・線香 —— 香木や香原料を粉末にし、練り固めて線状や花の形などに加工したもの。形にするのに接着系の原料を混ぜるため、ストレートな香木や香原料の香りは望めないですが、簡便に使用できるというメリットがあります。

反魂香《はんごんこう》

調合香の１つ。返魂香とも呼び、薫くと死者の魂が帰ってくるといわれる。写真は反魂香の伝承品。薬種系の原料を練り上げて乾燥し、霊薬のごとく薫き上げると、魂が蘇るような雰囲気になるかもしれない。なお、反魂丹という丸薬があり、腹痛に効能があるが、伝説的には重病人を蘇生させる秘薬とされる。

第二章 香木文化の図鑑

― 名香・聞香・組香・加工道具・香原料など ―

名香と香道具

名の付いた香木を銘香というが、その中でも著名な香木を名香と呼びます。手元に『名香部分集（全）』という伝書があり、享保十九年正月に記された書を江戸末期に書き写したものです。

それによると、まず昔からの名香五十種があり、これは足利将軍家御物となりました。将軍家には同時代の名香百二十種もあり、さらに佐々木佐渡判官入道道誉所持の二百種も御物となっていたようです。

これらを基に整理と入れ替えを行ない、十種名香と追加六種、そして五十種名香の枠ができました。合計六十六種になり、三代将軍義満公から八代将軍義政公までの御世の香名録になります。その後に改定されたものが十一種名香と五十種名香で、これが六十一種名香として認識されています。厳密には、ここまでは名香となるようですが、百二十種と二百種も名香と言えなくはありません。なお、勅命香も名香として認識されています。

名香簞笥　めいこうだんす

数々の名香や勅名香を収めた簞笥。

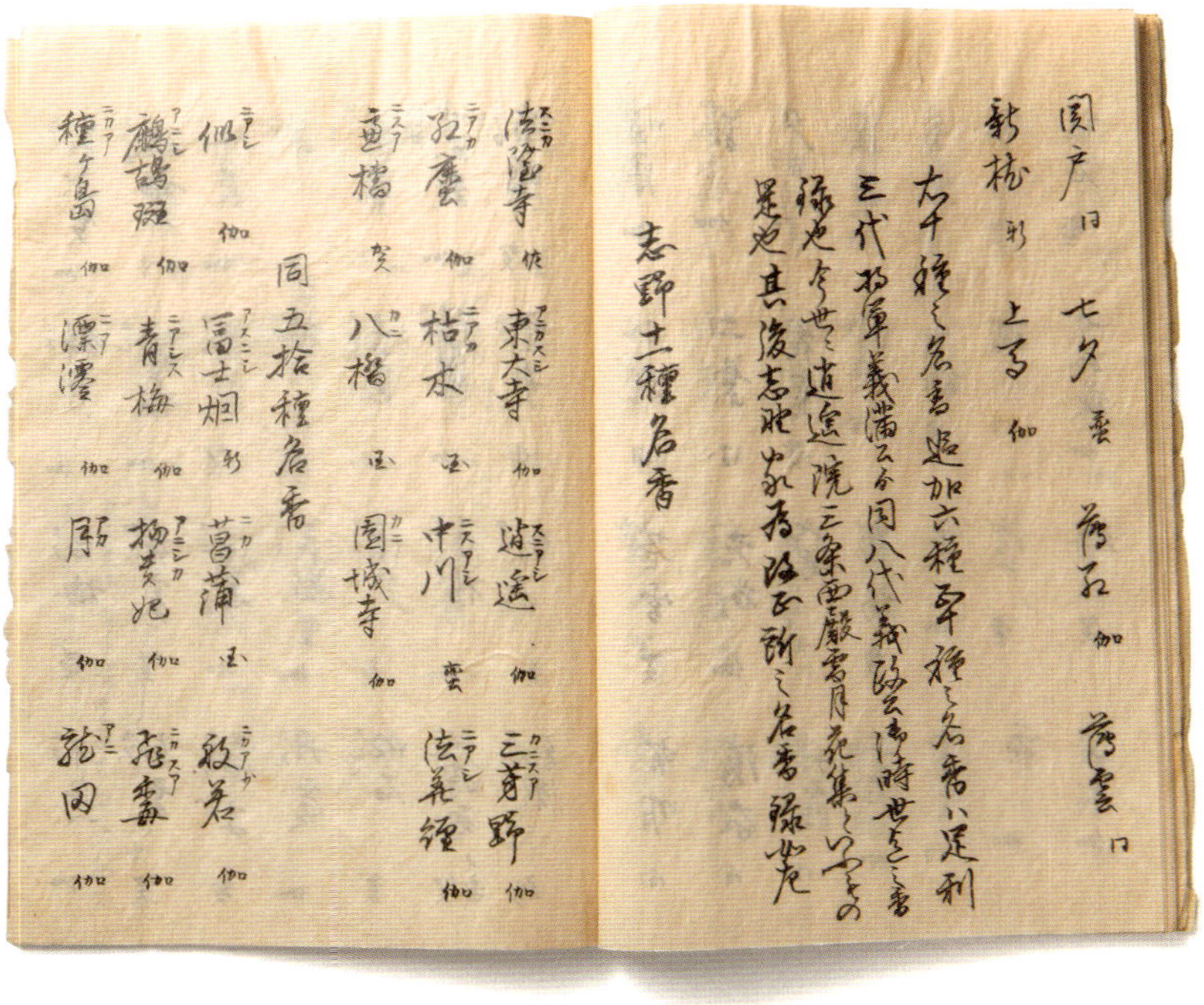

『名香部分集（全）』（江戸時代写本）に記される六十一種名香の部分。法隆寺、東大寺など香木の名前が記されている。

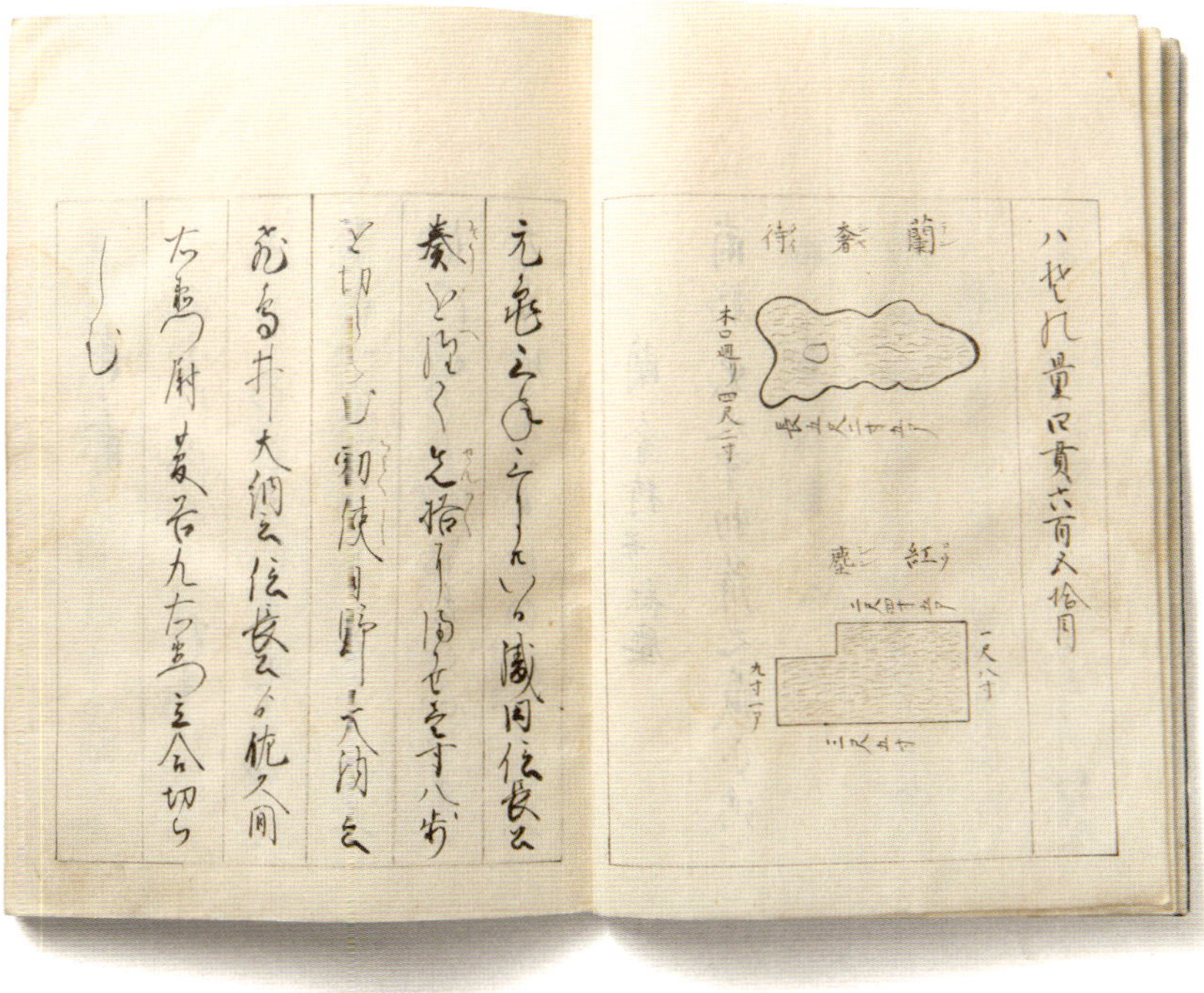

『名香名寄』に記される蘭奢待と紅塵。元亀３年３月織田信長公截木の記録。「蘭奢待」という名は佐々木道誉が所持した二百種の香の中には出てくるが、その後は出てこない。六十一種の「東大寺」が蘭奢待だといわれているが明確ではない。現在では蘭奢待は、正倉院に黄熟香として収納されている。そして道誉が所持していたということは、自分で截ったのか、まさか大原野で一斤の名香を焚き上げたのが、この蘭奢待ではないだろうが、興を引かれる話ではある。

伝書にみる聞香

東山泉殿香座敷之図

聞香《もんこう》という言葉が日本に入ってきた時、その意味は香を嗅ぐということでした。中国では「聞く」は「嗅ぐ」と同義でしたが、日本では聴覚のことを指していたので、香を嗅ぐことを「聞く」と表現することを単純に疑問に感じ、いくつもの解釈が生じることとなったのです。

たとえば聞法という言葉があり、それに則して考えれば、香がその香りに乗せて言おうとしている何かを「自己をむなしくして聞きとる」ということになります。聞香という言葉自体が、日本では香木の神秘性を高めたのでした。

ところで聞香はどういう状況で行なうのが良いのでしょう。平安時代の薫物《たきもの》については、最も重要視されたのは湿度でした。「源氏物語」には「雨で夕じめりしている今が、香を聞くのにふさわしい」などの記述があり、薫物自体も「乾燥させず、適度の湿り気を与えるべし」として、薫物の入った香壺自体を水場の近くに埋めていたようです。湿度が高いほど、香りを感じやすいのは古今変わらず、室町時代には池水に張り出した部屋を聞香に用いたようで、やがて室礼とともに様式化し、香室の原型として今につながっています。

東山殿（のちの慈照寺銀閣）を造営した足利義政公のように、山腹の閑散な場所に隠棲し、泉水に面した部屋で月を愛でながら香を聞く、この形が最上であるのは間違いないのですが、これには多額の資金を必要とします。現実的に我々はどのように香を楽しめば良いかといえば、静かな部屋で、明かりを落とし、湿度を上げ、腹式呼吸で、ゆったりと聞香すれば、心を自在に遊ばすことも可能です。

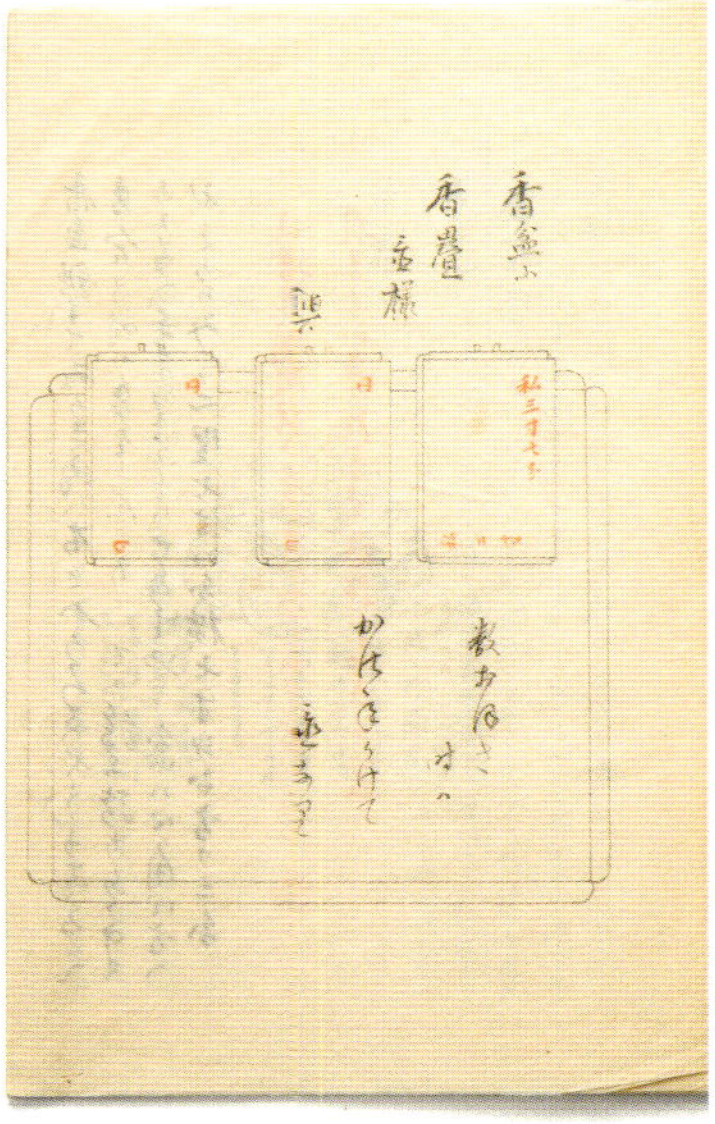

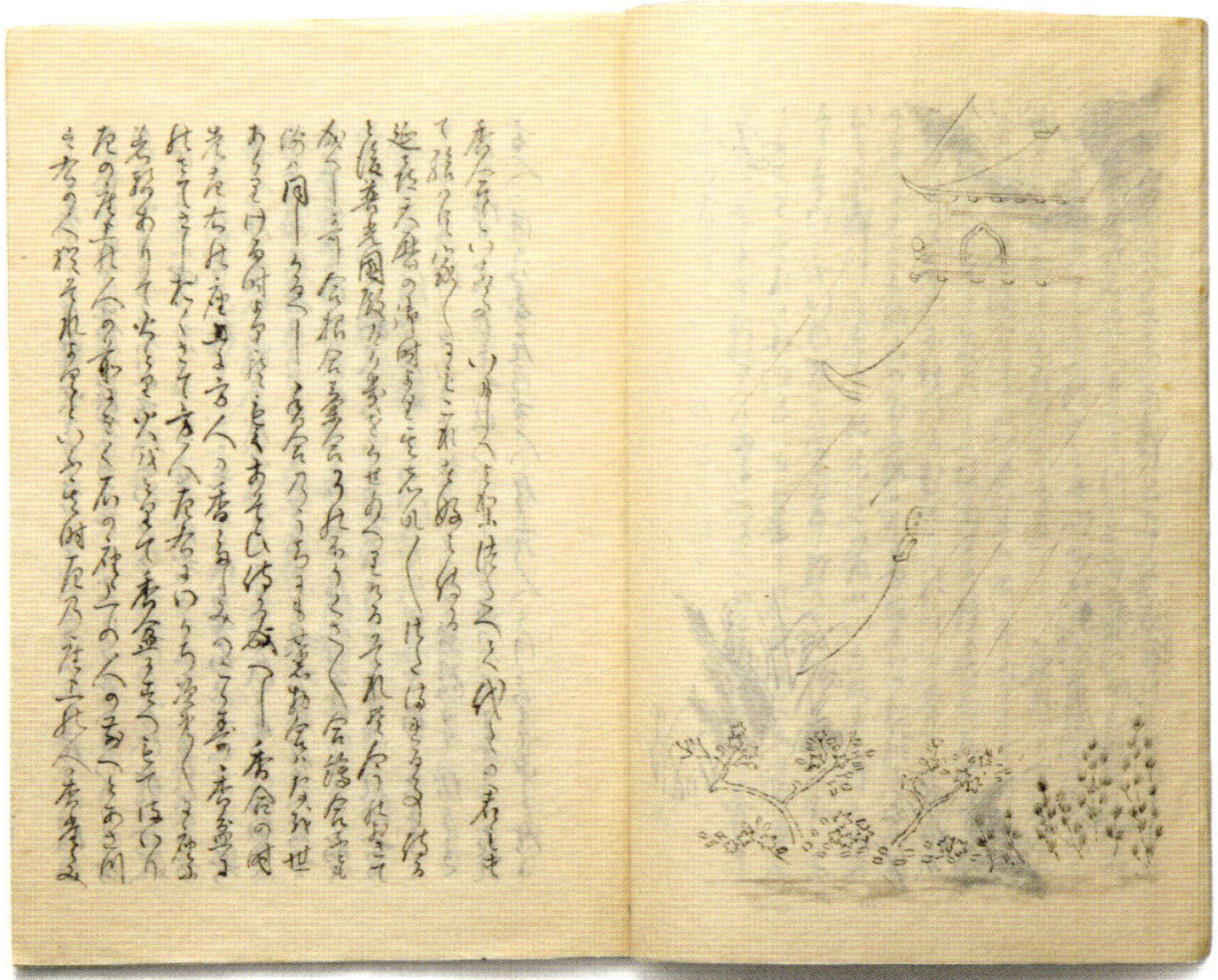

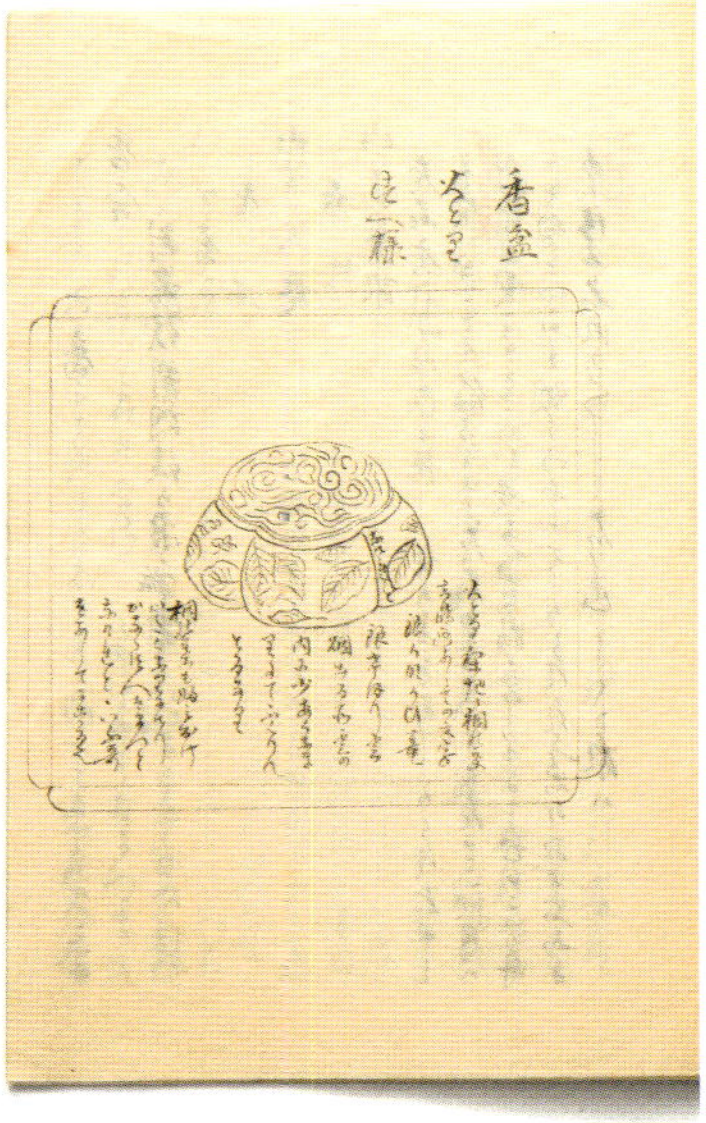

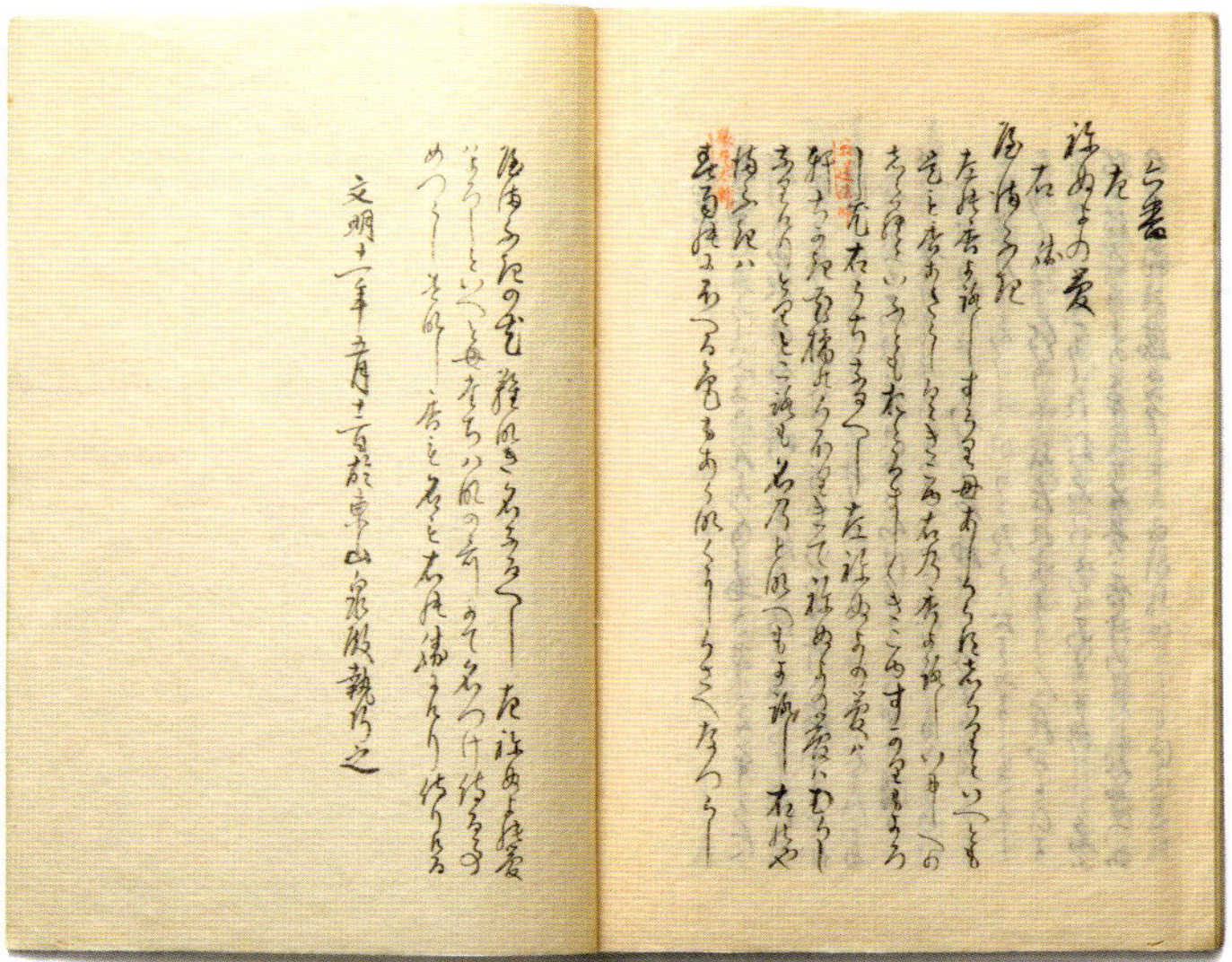

この資料は「文明十一年五月十二日於東山泉殿執行之」とする香合之記。五月雨の降る日に行なわれ、右上の図には当時の観音堂（銀閣）が描かれている。香合せは六番行なわれ、その様子も記されている。

（上左）
香盆小と香畳の置様（置き方）が記されている。「数多きときは、重ねかけて置なり」と注意書きもある。

（中左）
香盆と火と里（火取香炉）の寿へ様（据え方）が書いてある。火取香炉は桐藁蒔絵に芦手書き、雲柄銀火屋。

（下）
当日の聞香図で、香炉の扱い方や聞香の形、坐り方などが描かれ興味深い。

聞香道具

聞香《もんこう》にはまず香木が必要となりますが、伽羅を保存する箱を伽羅箱といいます。下写真の拭き漆の桐箱の内側に見えるのは錫の内箱で、右側に置いてあるのが、錫の内蓋。箱の中には香木とともに伽羅本帳が入っています。日付は明和九年八月。この本帳は出納帳のようなもので、箱の中の伽羅の出入りが克明に記されています。当時はこのような錫の容器が香木保存に最適とされていました。そして貴重な香木を最善の状態で聞くために、聞香道具として、聞香炉・火道具・灰・銀葉・香割道具などが発達していきます。

聞香炉　ききごうろ

聞香用の香炉。熾した炭を灰の中に埋め、灰を山形にし頂点に銀葉をのせ、香木を置いて香りを聞く。

銀葉　ぎんよう

元は銀であったが（左）、今は雲母を用いる（右）。温度を調節する役割と、香りが灰をくぐることで雑味を帯びるのを防ぐ。

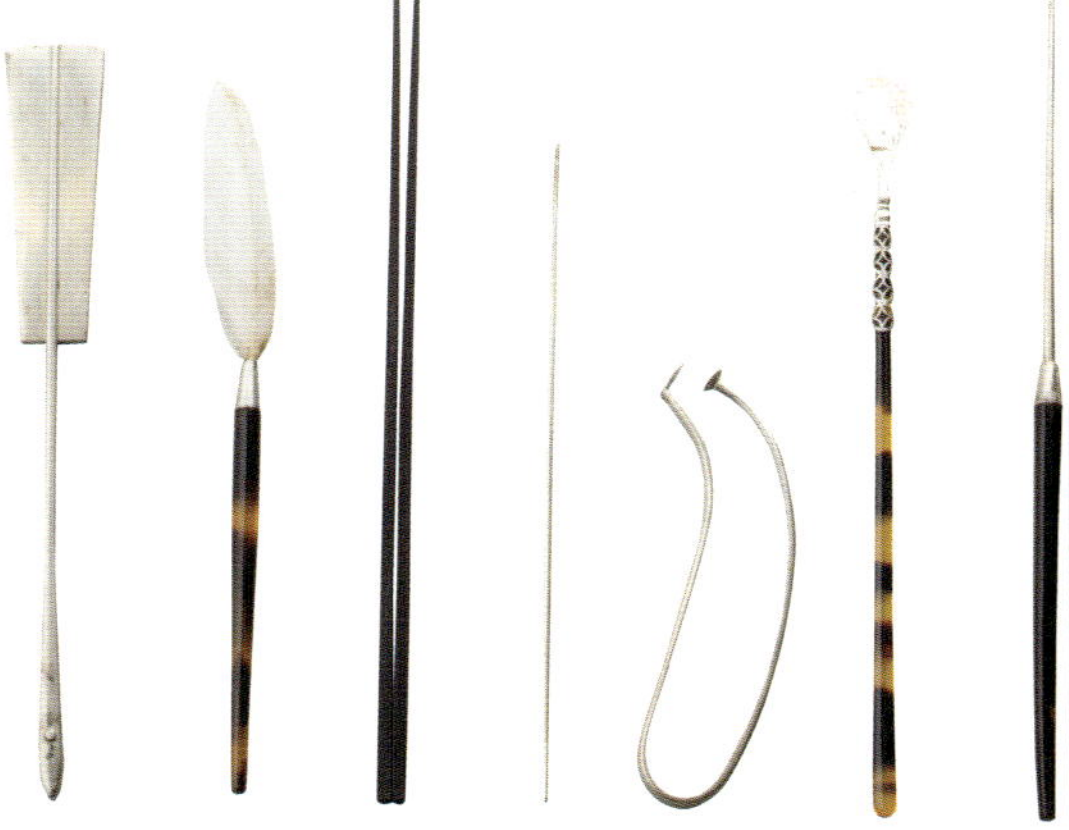

火道具　ひどうぐ

聞香炉で香を炷く際の道具類。
左から、灰押・羽箒・木香箸・鶯・銀葉挟・香匙・火箸。

伽羅を保存する伽羅箱。香木は本帳とともに二重箱に納められる。

大小さまざまな香割道具。聞香は自ら香木を適当な大きさに割ることから始まる。
左上から、木槌（大）・木槌（中）・小刀・鉈・鋸・鑿・槌・鉈・鋸・鑿・香割台

香道具と組香

聞香《もんこう》のみを楽しむには、前項の道具と香木があれば十分ですが、次の段階として香道があります。足利八代将軍義政公の頃から、香木の分類が始まり、それを契機に聞香の様式化が進んでいきます。とくに組香という様式が香道の幅と奥行きを飛躍的に広げました。香木の香りの差異を聞き当てるという、人間本来の本能的感覚のなかに、古典文学をはじめ、日本の伝統文化を大きく取り入れたのです。

組香十種の畳紙。上から、十種香・源氏香・競馬香

香道の手前で使われる道具一式。写真の道具は千鳥蒔絵で、志野棚に上から乱箱一式（志野折・銀葉箱・灶空入・銀葉盤・聞香炉・建・火道具・乱箱）、四方盆の上に添え香炉、火取香炉に火取火箸と地敷、記紙差と千鳥の水滴を添えた重硯がのる。手前にはこのほか、文台と親硯を用いる。

組香は時代とともに増え、それに伴い香道具も増加します。香手前用の香道具の他に、一種の香道具である内十組総包がありますが、これは数ある組香のなかで、とくに基本となる重要な組香十種をまとめたもので、それぞれ上品な大和絵を施した畳紙に香包が入っています。さらにこのなかの競馬香という組香を行なう時には、三組盤という道具が必要で、源氏香という組香には香の組み合わせを記した図帖があれば便利です。

また香道具には、雅びでかわいいものが多いのですが、十種香箱と呼ばれる香道具はそれら一式を詰める二段重ねの箱で、納め方も様式があり、茶道の茶箱に通じる日本的な美意識が感じられます。香木を収納する道具も各種あり、たとえば71頁の後二葉《のちのふたば》という香木は、竹の皮に和紙で裏打ちした竹紙にくるんで、香箪笥に入れてあります。この香木は重要な行事の際に分木され、香木は当初の半分になって再封印されています。

十種香箱　じゅっしゅこうばこ

香道具一式を収蔵している
2 段からなる箱。

三組盤　みくみばん

香道で行なう組香のうち、盤を使う矢数香・名所香・
競馬香の 3 種の盤立物をひとつに納めた物。源平香
の立物を入れて四種盤とも。

源氏香図帖　げんじこうずちょう

香道で行なう組香の一つ「源氏香」に使われる香の
図を記した図帖。それぞれの巻の香の図に「源氏物語」
の各巻にちなんだ簡単な絵が添えられている。

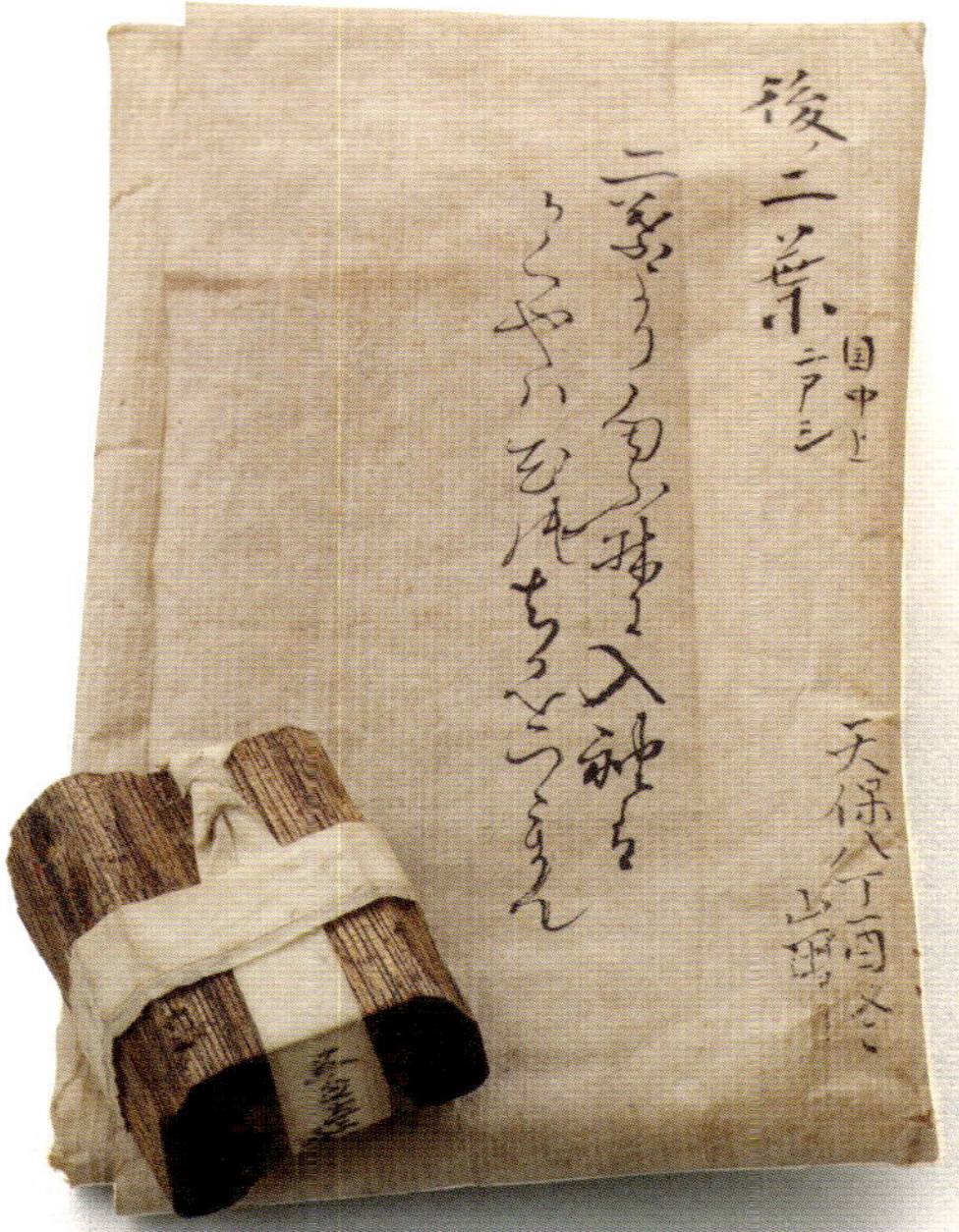

香木と竹紙包　こうぼくとちくしつつみ

聞香や香道に用いる香木は畳紙に包まれて保管されることが多い。包みの上には香名や由緒などが記されることもある。この香木は「後《のちの》二《ふた》葉《ば》」という名とともに、和歌が記された竹紙に入っている。

香箪笥　こうだんす

香道具や香木の入った香包などを納めておくための箪笥。

沈箱　じんばこ

沈水香を納めておくための箱。懸子に6個の小箱が納められている。もともとは六種薫物を収めていた。今は六国を入れることが多い。源氏物語をモチーフにした蒔絵がほどこされている。

香木加工道具

木槌・鉈　きづち・なた

香木を角割などに加工する道具。

香鋸　こうのこぎり

樹脂分が多い香木を切るための、ふつうの鋸より目の細かい特殊なもの。

薬刻盤　やっこくばん

香木を刻む道具。香木を薬刀で押し切りする。

香木をさまざまな形に加工する道具。大きな原木から角割、刻み、粉末とそれぞれの道具を使って調製していきます。香りをそこなわないで自然の風合いを残すため、現在でもすべて昔ながらの手作業で調製しています。

両手　りょうて

薬刻盤で押し切りした香木を押し刻むための重石と曲包丁を組み合わせた道具。重石を曲包丁の上にのせて用いる。

先包丁　さきぼうちょう

角割を調製する際、鉈で割り短冊状になった香木を四角く揃える刃物。

機械を使わず手作業で香木を加工し、調製する。

1. 香木を香鋸で切る。（角割加工）

2. 鉈と木槌を用いて、2～3ミリ程度の厚さに割る。（角割加工）

3. 薬刻盤で細かく刻む。（刻み加工）

4. 両手でさらに細かく刻む。（刻み加工）

加工道具によってさまざまな形状に加工された香木。
左から抹香や線香、塗香の材料として使用する粉末、焼香や匂ひ香などに使う刻み、空薫や焼香などに使う角割、聞香用に仕上げたもの。これを香割道具を使ってさらに調製していく。

上皿竿秤　うわざらさおばかり

おもりと錘を操作し、計量物を釣り合わせることによって重さを量る秤。

薬研　やげん

薬種や香原料を粉末に碾くのに用いる器具。上の木製はやわらかい薬種を、下の鉄製はかたい薬種を碾くのに使う。

香木はひと塊ごとに形態も質感も違うので、各個体に合った用途を定め、それに沿った道具を用いて、加工していきます。

置物用加工――沈香や伽羅はその形自体が自然の造形美であり、さらに常温でも香気が漂う。周りの空気を変える美術品としての価値が高い。鋸と鑿《のみ》、槌などで整形する。

工芸品加工――香合や香炉、念珠などに加工できるサイズに鋸で材を截っていく。

聞香用加工――聞香用は、参加人数により香木の使用サイズが異なるので、香木の最終加工は香を席主や香元が香割道具でその時々にあったサイズに加工する。

宗教用加工――角割・刻み・小割・粉末にする加工で、この中では刻み加工が重要技術で、薬刻盤や押切刀が活躍し、好みの粗さに刻む。薬研も同様。

　このほかにも多種の道具がありますが、計量や計測の道具も重要です。計量の単位は〇・一グラムから百二十キロにも及び、大小何十種類もの計量器があります。最近は電子計量器も増えていますが、ここでは古いものを紹介します。

　また参考までに平安時代の重さと長さの単位を記すと

一斤＝一六両＝六四分＝三八四朱
一両＝四分＝二四朱＝一〇匁＝三七・五グラム（大一両＝小三両）
一丈＝一〇尺＝一〇〇寸＝一〇〇〇分
小尺＝二四・七センチ
大尺＝二九・六センチ

などになります。時代によって多少サイズは変化しますので、一つの例としてご覧ください。

竿秤　さおばかり

テコの原理を利用する秤で、支点となる紐で竿を吊るし、竿の一端に物を吊り下げ、もう一端におもりを下げて動かしながら、左右が平行に釣り合う位置の目盛で重さを量る。千木秤ともいう。計測する香木の量により大小ある。5貫(18.75キロ)以上のものは、イラストのような大型の竿秤で量る。

薬種と香原料

薬種とは、薬の原料になる生薬（ローメディシン）のことで、すべて天然素材です。そして薬種には国内産である和物と、渡来品である唐物があります。唐物には高級薬種である沈香や麝香《じゃこう》、牛黄《ごおう》や龍涎香《りゅうぜんこう》も含まれます。薬種には芳香性の素材が多く、これらを用いて日本の香りは創られてきたのです。すなわち香原料はほとんどが医薬品原料でもあります。それゆえ香原料自体を医薬品として用いることもある訳で、例えば沈香や伽羅は香りを聞くことで、心身を鎮静化しますが、これを食すと心肺機能を活性化する効果があるとされています。麝香は強心作用があり、大茴香はタミフルを有しインフルエンザに効果があり、丁子は殺菌作用が強いとされています。このように香や香原料を上手に楽しむことで、心と身体両方の活性効果が期待できるのです。

動物系の薬種と香原料

龍涎香　リュウゼンコウ

マッコウクジラの消化器内に生じる分泌物。イカのくちばしなどとともに体外に排出されたものを採取する。強心・鎮痛の薬効があるが、主に香原料として用いる。捕鯨禁止の流れの中、流通は激減している。

麝香　ジャコウ

ジャコウジカ科の雄の香嚢から採取する分泌物。薬効は強心だが、香料としては保香用に広範に用いる。ワシントン条約の対象となり、入手は困難になった。

牛黄　ゴオウ

牛の胆嚢より採取する。強い苦味があり、オーストラリア産が良質。強心・鎮痛・解熱の薬効あり。医薬として麝香の代用にも用いられる。

貝甲香　カイコウコウ

さまざまな巻貝の蓋。主に保香剤として薫物や線香に用いるが、香原料としても沈香系の香味を少し持っている。

犀角　サイカク

犀の角。解熱、鎮痛、解毒などの薬効。工芸品にも使用し、正倉院には盃や小刀など多数。絶滅危惧種のため、保管には国際希少野生動植物種登録が必要。

一角　イッカク

一角鯨の角、門歯が伸びたもの。解熱に用いる。香箱などの工芸品にも用いられる。輸入は制限付きだが可能。

植物系の薬種と香原料

安息香　アンソクコウ

タイ、インドネシアに産するエゴノキ科の安息香樹の樹脂。甘い香りで薫香や化粧品香料等に用いられており、その名の通り薬としては呼吸器系に薬効がある。

薫陸　クンロク

インド、イラン原産のクンロクコウ類の樹脂が土中に埋没し、生じた半化石状樹脂。古くより伝わり、正倉院にも保存されており、重要な香原料の一つ。

乳香　ニュウコウ

アラブ地方、エチオピアに自生するカンラン科の乳香樹の樹脂。古代オリエント、エジプトの代表的な香料の一つ。現代でもキリスト教の教会で焚香料として使われる。

石膏　セッコウ

中国原産の石（軟石膏）。『神農本草経』にも掲載されており、主として解熱のほか、鎮静、止渇薬としても用いられる。

没薬　モツヤク

アラブ地方が主産地のカンラン科ミルラノキ属の樹脂。焚香料としての用途のほかに、防腐剤としてエジプトのミイラ作りに使われた。薬効としては鎮静、鎮痛に効果がある。

龍脳　リュウノウ

インドネシア原産のフタバガキ科の龍脳樹より採取される白い鱗片状の樹脂の結晶。涼やかな芳香があり、香原料として欠かせないもの。防虫、防腐効果に優れ、鎮静効果もある。

厚朴　コウボク

日本、韓国、中国に産するモクレン科のホオノキの幹および枝の樹皮を乾燥させたもので、健胃、消化、整腸、収斂、去痰、利尿薬として使われる。

黄柏　オウバク

日本、韓国、中国を主産地とするミカン科の樹皮を乾燥させたもの。苦味健胃薬や整腸薬等に用いられる。五味の苦の手本とされる。

阿仙薬　アセンヤク

マレー半島、インドネシアに産するアカネ科の葉や若枝を水で煮て製した乾燥水製エキスを固めたもの。収斂薬や口腔清涼剤の原料に使用する。

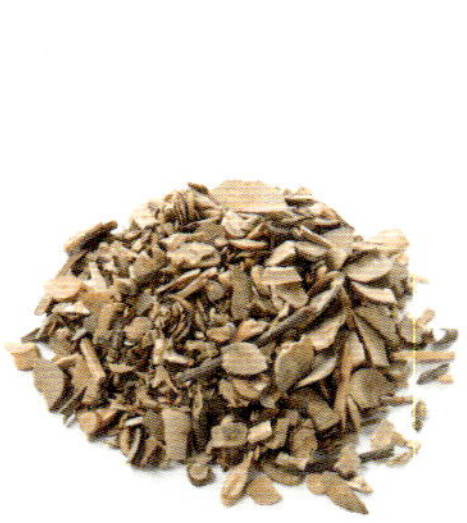

桂枝　ケイシ

桂皮（シナモン・カシア）と同じものだが、桂皮が幹等の樹皮であるのに対し、桂枝は枝の部分。刻んだ状態で焼香等焚香に使用する。

桂皮（カシア）　ケイヒ

中国やベトナムで産するクスノキ科の常緑高木の樹皮。香原料としては、シナモンよりカシアが多用される。

桂皮（シナモン）　ケイヒ

スリランカで産するクスノキ科の常緑高木セイロン桂皮の樹皮。生薬として健胃薬、風邪薬、防腐剤等に広く用いられる。

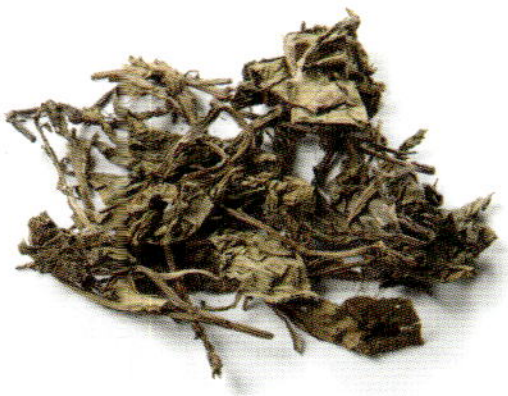

零陵香　レイリョウコウ

サクラ草科の草本で藿香と同じく乾燥させて使う。零陵の名は中国での産地名。香料のほか、スパイスとしてカレー粉などにも使われる。

藿香　カッコウ

南アジア原産のシソ科多年生草本の葉を乾燥させたもの。香料として精油を取るが、刻んだものを調合香にも使う。防虫効果のほか、解熱、鎮痛の薬効がある。

丁子　チョウジ

モルッカ諸島原産のフトモモ科常緑高木の花蕾。名の由来は蕾が釘の形に似ているため。料理に使われるほか、香料として多用され、生薬として健胃薬、風邪薬、防腐剤等に用いられる。

艾葉　ガイヨウ

中国、日本に産すヨモギの葉を乾燥させたもの。止血薬、鎮痛薬として用いるほか、モグサの製造原料にもする。

紫蘇葉　シソヨウ

中国、日本に産すシソ科チリメンジソの葉を乾燥させたもの。発汗、解熱、鎮痛薬としてや消化促進にも用いられる。

薄荷　ハッカ

アジア東部原産のシソ科の草本ハッカを乾燥させたもの。日本ではハッカ油を取るため、北海道で多く栽培される。爽やかな香りを有し、芳香性調味薬として多くの薬に使用される。

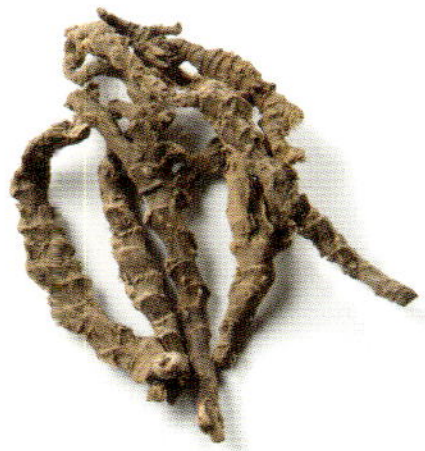

菖蒲根　ショウブコン

アジア北部原産のサトイモ科植物の根。刻んだり粉末にしたりして使用する。精油も重要な香料。端午の節句の菖蒲湯は、この植物の葉を使う。

陳皮　チンピ

中国、日本に産すミカン科の実の皮を乾燥させたもの。使用法、薬効は右項の橘皮とおおよそ同じ。焼香や匂ひ香に用いる。

橘皮　キッピ

中国、日本に産すコウジ科の実の皮を乾燥させたもの。爽やかな香りがあるため、香料に使用するほか、芳香性健胃、去痰、鎮咳薬として用いられる。

ベチバー

インド原産のイネ科の多年生草本。根に強い香りがあり、精油を根茎から抽出し、多くの香水などに用いられる。

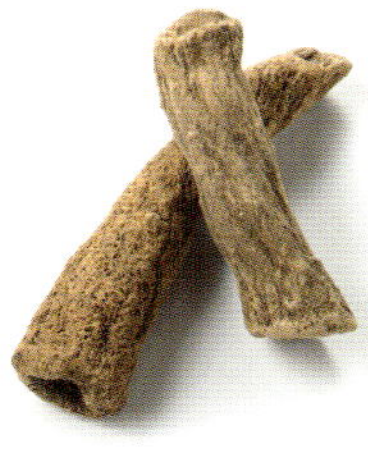

木香　モッコウ

中国、インド産のキク科の植物の根。防虫効果を活かし、香料として匂袋などに使うほか、薬として鎮痛、整腸の効果がある。

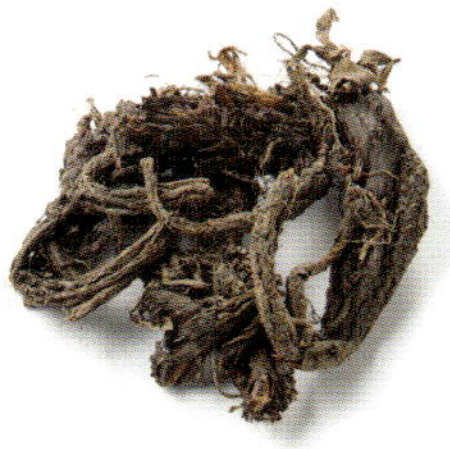

甘松　カンショウ

中国、インド等に産すスイカズラ科の草本の根・茎。香料としては根が適し、茎は鎮静、健胃等の薬に用いる。

黄連　オウレン

キンポウゲ科のセリバオウレンの根を除いた根茎を乾燥させたもの。古来、消炎、止血、瀉下などの要薬として繁用されてきた。

排草香　ハイソウコウ

中国産の草木の茎、根。特に根の香りが強い。清涼感のあるクールな香りで、粉末にして線香等にも用いられる。

吉草根　キッソウコン

オミナエシ科のカノコソウの根を乾燥させたもの。主に北海道で栽培され、独特の臭気があるが、その香りに鎮静効果がある。家庭薬原料にも多く用いられている。

大茴香　ダイウイキョウ

中国南部、インドシナ半島北部に自生するマツブサ科の常緑樹の実。香料として線香や焼香、歯磨き粉や口腔清涼剤のほか、スパイス、防腐剤、健胃薬として薬効がある。

訶梨勒　カリロク

インド、ビルマ原産のシクンシ科の高木の実。古来、収斂、止瀉止血に優れ、麻疹や疱瘡の特効薬であったため、その実をかたどった袋を魔除けにし床飾りに用いるようになった。

大黄　ダイオウ

タデ科の草本の根茎を乾燥させたもので、多く中国に産する。中国ではすでに戦国時代の『山海経』にその名が記載され、古くから腹痛、消炎性健胃薬として用いられている。

バニラ

メキシコ原産の蔓性蘭科植物の豆鞘、種子を乾燥させたもの。チョコレートなど多くの食品に使用され、香料として甘い香りを出すのに頻用される。

芥子　ガイシ

中国産は白芥子。日本産はアブラナ科のカラシナの種子を乾燥させたもの。薬として神経痛、肺炎などの局所貼布外用し、香辛料としてや仏教においては護摩を焚く時に使用する。

桃仁　トウニン

中国、日本に産するバラ科のモモの成熟した種子を乾燥させたもの。行血、去瘀の常用薬。

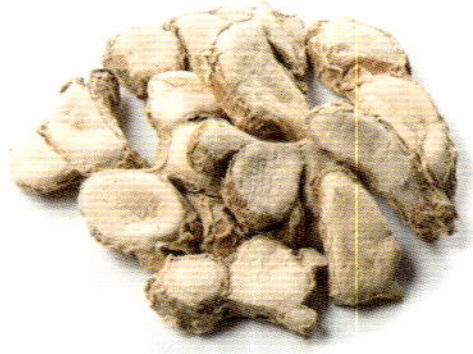

山奈　サンナ

中国南部産のショウガ科多年生草本の根茎。輪切りにし、乾燥させて用いる。芳香と防虫効果があり、衣類の虫除けとして匂袋等に使う。また芳香性健胃薬としても用いられる。

鬱金　ウコン

南アジア原産。ショウガ科ウコン属の多年性草本ウコンの根茎。染料やカレー粉の原料として有名。香料として五香の一つに数えられる。健胃薬としても用いられる。

辛夷　シンイ

日本、韓国、中国産のモクレン科の花蕾を乾燥させたもの。鎮静、鎮痛薬として頭痛、鼻炎などに応用する。

白朮　ビャクジュツ

日本産のオケラもしくは中国産のオ
オバナオケラの根茎を乾燥させたも
の。水分代謝の要薬として使用する。

莪朮　ガジュツ

中国産のミョウガ科の根茎を乾燥さ
せたもの。芳香性健胃薬、鎮痛薬と
して家庭薬原料として用いられる。

接骨木　セッコツボク

ニワトコの茎を乾燥させたもの。鎮
痛、消炎、止血、利尿薬などに用い
られる。

五味子　ゴミシ

日本、朝鮮半島、中国に産するモク
レン科の成熟果実を乾燥させたも
の。鎮咳、収斂、止瀉、滋養、強壮
薬として応用する。

呉茱萸　ゴシュユ

中国産のミカン科のゴシュユの未成
熟な果実を乾燥させたもの。健胃薬、
鎮痛薬や殺虫剤、浴湯料としても用
いられる。

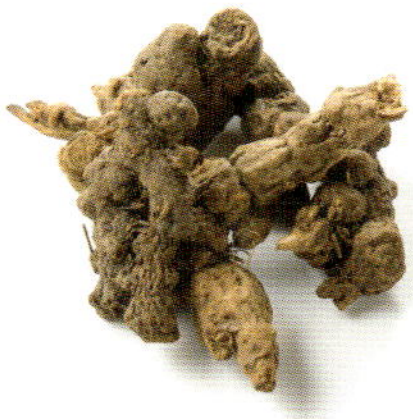

蒼朮　ソウジュツ

中国産のキク科のホソバオケラの根
茎を乾燥させたもの。水分代謝の要
薬として使用する。

菊花　キッカ

杭州等で生産される食用菊の花を乾
燥させたもの。香料として用いるほ
か、解毒、消炎、鎮静、高血圧に良
いとされる。

甘茶　アマチャ

日本産のユキノシタ科のアマチャの
葉を揉んでから乾燥させたもの。甘
味料として家庭薬原料、口腔清涼剤
などに用いる。

桔梗根　キキョウコン

日本、朝鮮半島、中国で産するキキョ
ウ科のキキョウの根。去痰、鎮咳薬
として気管支炎や排膿薬として扁桃
腺炎、咽喉痛などに応用する。

桜皮　オウヒ

日本に産すバラ科のヤマザクラ他の
樹皮を乾燥させたもの。解毒、鎮咳
薬として煎じて使われる。焼香や匂
ひ香にも用いる。

加密列　カミツレ

ヨーロッパ原産のキク科の耐寒性一
年草の花を乾燥させたもの。リンゴ
の果実に似た香りがあり、香料とし
て使用するとともに、婦人病の薬と
しても用いられる。

桂花　ケイカ

中国原産のモクセイ科モクセイ属の
常緑小高木の花を乾燥させたもの。
香料として使用するとともに、薬用
として不眠、低血圧、健胃に効果が
あるとされている。

薫物《たきもの》と香具

鑑真和上が伝えたとされる練香は、本来丸薬で症状に合わせ何種類もの原料を組み合わせて作るものでした。そして薬原料は香原料でもありますので、当然なんらかの香りがします。その丸薬を香り優先に調合を変えると練香とよぶ調合香になるのです。

　平安時代には、宮人たちが練香作りに熱中するようになり、香りを文化的レベルへ引き上げ、この調合香を「薫物」とよぶようになります。『源氏物語』「梅枝」の巻には、薫物の製法や、その優劣を競う「薫物合」の様子などが記されています。

『源氏物語』「梅枝」の巻にある薫物合を描いた絵。光源氏の前に置かれた二種の香壺には、薫物が入っている。白瑠璃の壺には梅ケ枝が、紺瑠璃の壺には五葉の松が挿してある。

練香　ねりこう

薫物のこと。粉末にした十種類前後の香原料を調合し、練り合わせたもの。

阿古陀香炉　あこだこうろ

形があこだ瓜に似ていることから名がついた火屋付きの香炉。

火取　ひとり（左）、鞠香炉　まりこうろ（右→ 84頁）

香を炷くための道具。
火取は火取母・薫炉・火取籠から成る。

耳盥　みみだらい

耳の形に似た取手のついた盥。

伏籠　ふせご

中に香炉を置き、着物などを掛けて香を炷きしめるための道具。

伏籠の使用例。中に水を張った盥を置き、その上に香炉を置く。

薫香と香具

吊香炉　つりこうろ

透かし文様の入った球形の香炉。室内に吊り下げて用いる。

吊香炉の内部。傾けても内側の火炉は常に水平に保たれる。

鞠香炉　まりこうろ

内部がジャイロになっており、転がしてもいつも火炉は水平になる。

丁子風炉　ちょうじぶろ

香炉に似た金属製または陶器製の風炉。丁子を煎じて香りを発散させる。

時香盤の内部。
灰の上に抹香の型がきれいに盛られている。

時香盤　じこうばん

箱に灰を敷き、抹香で型を作り、火をつけて時間を計る。常香盤ともいう。

コラム

「薫物合之記」にみる香のすがた

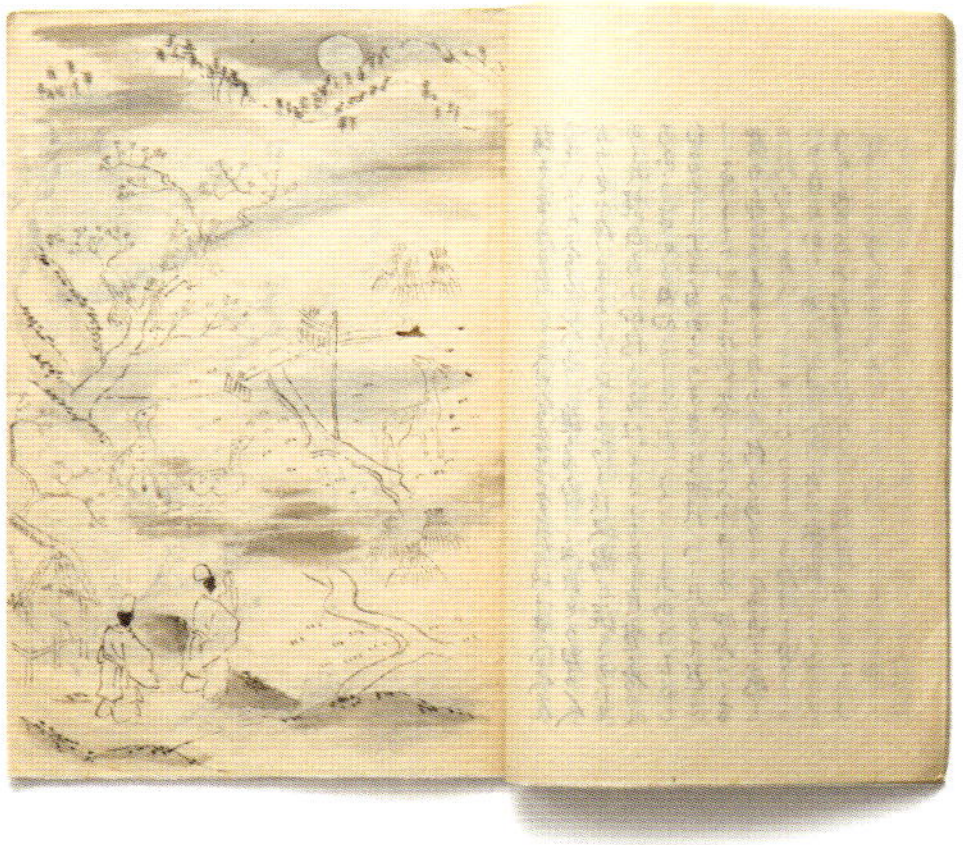

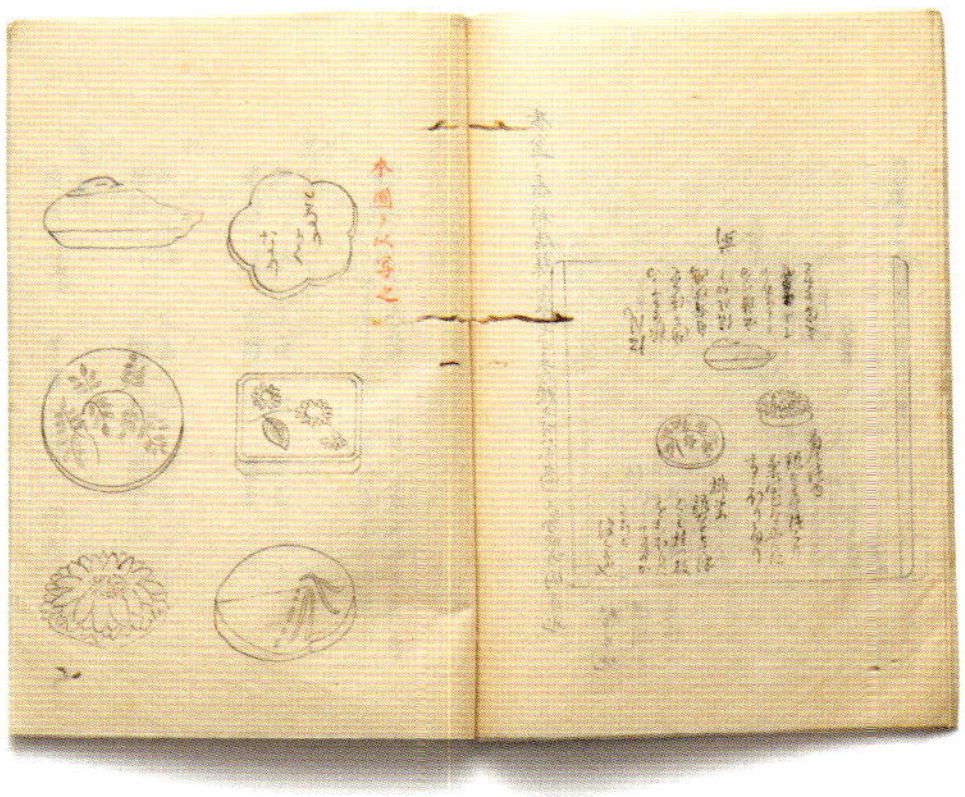

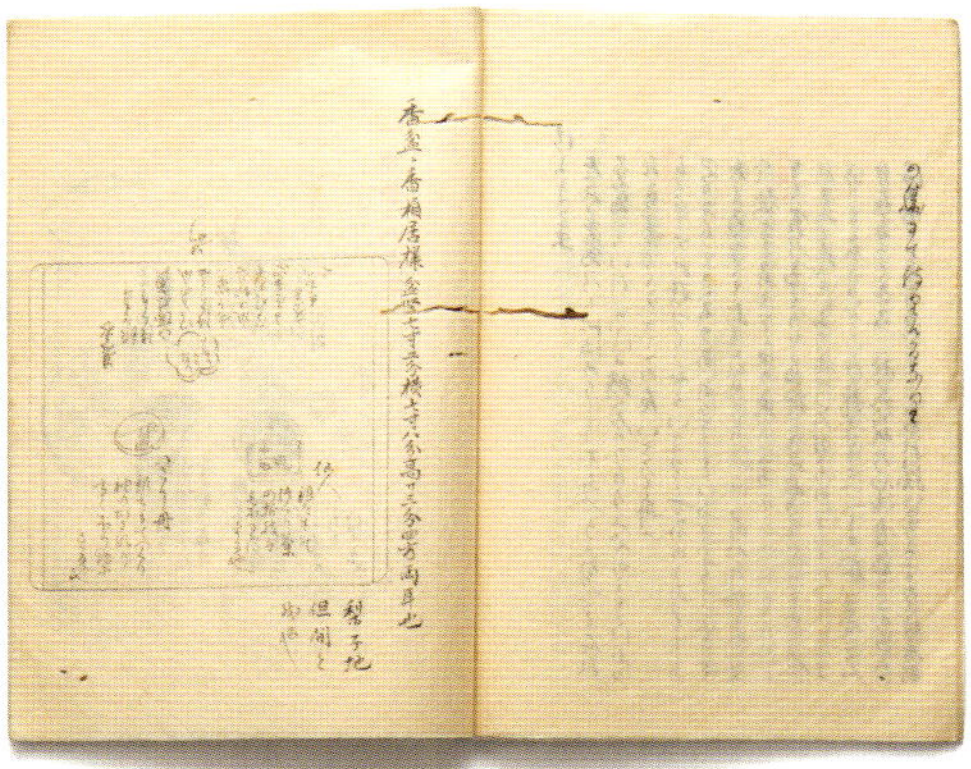

写真上段は当日の東山殿の様子が描かれている。下段は当日合わせられた薫物の名と香箱の形態が記されている。梅形の香箱には夏衣という名の薫物が、角形には仙人、丸形には漁舟、水鳥形には松風、菊形には菊露、榊の丸形には榊葉という名の薫物がそれぞれ入っている。そして香盆と香箱の居様（置き方）や、香盆のサイズや形が示されている。

薫物《たきもの》は平安時代に隆盛しましたが、鎌倉・室町時代には、徐々に香木による聞香《もんこう》にとって代わられた、と思っておられる方もあるかもしれません。たしかに武家社会になり、聞香文化が主流になりましたが、薫物も調合香として重要な位置を占め、香り文化の進展に貢献してきました。

この資料は『東山殿薫物合之記』で、文明十年（一四七八）十一月十六日に、前将軍足利義政公の山荘、東山殿で行なわれた薫物合の記録で、「六種薫物合」と記されています。平安時代の薫物合と様式的に大きな差異はないようですが、当日合わせられた薫物の名と調合の例を記してみます。「左＝奈津ころも（夏衣）沈四両、丁子二両、甲香一両二分、薫陸一分、白檀一両、麝香二分　右＝満津風（松風）沈四両、丁子二両、ウ金二分二朱、甘松一分一朱、朴根二分」で「左・勝」。

香木とその歴史　変わらぬ価値

香りの文化　紀元前

香木という素材と、香木を核とした様々な調合香、そしてそれらに日本の美意識を反映した薫物や香道。日本の香り文化というと、まったく未知の分野として切り開いた独自のものと思われがちですが、世界は広く深く、約五千年前から香りの文化は芽吹いています。もっと極端にいうと、嗅覚を手にいれた時、すでに香り文化の種は播かれているのです。嗅覚を持つ者は、不快な香りを排除し、心地よい香りや有用な香りを身近に置こうとします。この本能が時を経て文化になるのですが、きっかけはやはり香原料の認識です。香原料の香りの理解、採取の方法、貯蔵の仕方、使用法など……。香原料のコントロールができるようになると、香りの創造が可能になり、文化へと継がります。その最初がメソポタミア文明時だといわれています。その後、紀元前の約三千年の間にエジプト文明やインダス文明、黄河文明などの各地で、香り文化がそれぞれ交流をしながら多様化し、さらにギリシャ時代やローマ時代を経て、洗練されていきます。

日本の香り文化

日本に香り文化の素材が届いたのは、紀元後の六世紀、仏教伝来時に供香としての香原料が渡来した時です。そして七五四年一月、鑑真和上が来日し、多くの香原料と香りの知識をもたらし、ようやく日本の香り文化がスタートします。それは世界的な視点でみれば、大変遅いスタートでした。

しかし、遅かったぶん、土台もあり、日本人の特性として、微に入り細に入り、また角度を変えて本質に迫る能力の高さがあり、現在日本の香り文化は、インセンス分野のトップランナーとして、欧米のパフューム文化と肩を並べるレベルに達しています。その要因は何だったのか？　それは香木を香材のメインに据えたことだと思います。香木の香りは、深遠で言葉に表わし難いのですが、その香りが生じる要因の一つに樹脂と、樹の繊維との結合により、香りの形成に長い年月が必要なことです。花の香りが一年で出来てしまうのとは違い、香木一片の中には、長い時間が育んだ多彩な香りが詰まっているのです。そしてこの優秀な香りの素材を最大限に引き出す工夫を物理的・美学的に追究したことが、日本の香り文化を高いレベルに引き上げたのです。

また、香木は加熱しない限り、変質せず、香りも抜けないことで、資産価値も高く、さらに奇なるものとしての存在価値ゆえに、茶道の茶器の役割のように、権力者とのつながりを示す存在でもありました。これには東大寺に勅封されている蘭奢待の影響が大きく関わります。時々の権力者は、正倉院の蔵を開け、勅封を解いて、蘭奢待を截り出すことで権力を示し、それを配下に分け与えることで、主従関係を緊密にしました。主から賜わった香木は、大事に保管され、一部は身につけることもあり、懐中したり、髷に結い付けることもあったようです。

香木と和歌の深い関係

平安時代、薫物を贈る場合などには、和歌を添えることが多くありま

沈香山白檀二十五菩薩

沈香の山（置物）に、白檀製の二十五菩薩が配置されている。沈香は置くだけで、香気を放ち、邪気を祓うとされるが、白檀も同様で、仏教発祥の地インドの霊木としての価値も加わる。この２種は仏教とともに供香（焼香）として日本へ渡来し、その布教に重要な役割を果たした。

した。それは香りに付加価値を与えることになります。82頁の絵は、明石の姫君の裳着に先立って、光源氏が女君たちに薫物の調合を依頼し、薫物合をするというシーン。源氏のもとに届いた朝顔の君からの薫物に「花の香は散りにし枝に止まらねど 移らん袖に浅く染まめや」と、和歌がついています。この歌は香壺の中の薫物と明石の君を絡めた挨拶状ですが、返事もまた和歌で返されたことでしょう。

今、万葉集が大きな注目を浴びていますが、そこから八代集、十三代集へと続く和歌は日本文化の基盤となってきました。当時より、薫物の香りを表現するのに、和歌が用いられ、形容詞としても和歌の語が使われてきました。これは当時の文化構造のなかでは当然ですし、また香りのように直接表現の難しいものを、和歌の間接的で包括的な表現を用いて表わすのは理に適っています。

香りと和歌の関係は香木にも及び、鎌倉・室町時代になると、重要な香木に銘をつける流れが出来、その香銘も多くは和歌から採られ、本歌も証歌として添えられています。香銘は勅撰和歌集から採られることが多く、銘付香木の付加価値をより高めます。

本来、香銘は、所持者がその香木に相応しい銘を考え、そしてその銘を和歌に読み込んで添えるというのが理想かとも思うのですが、その例は少なく、既存の秀歌を添えるのが主流です。

香木取引の戦後

第二次世界大戦が一九四五年に終結し、経済復興がスタートしましたが、香木や香原料の輸入に関しては混乱期が続きました。香木産地も復興が遅れ、当時の輸入先は主に香木の集散地である香港でした。しかし、一九五七年に第一回広州交易会が中国で開かれた頃から、ようやく活発化し、香港・シンガポールのほか、産地のベトナムやインドネシアなどからの直接輸入も増えてきます。白檀はインドのマドラスが出荷港でした。当時の香木取引時の呼称は主に伽羅・伽楠香・シャム沈香・タニ沈香・泥沈香・老山白檀くらいで、時折、採取地を付け加えたりした程度です。伽楠香は特級から五級までグレードがあり、他の種類もグレード別に輸入しますが、これはあくまでも現地でのグレードで、輸入後に日本のマーケット向けに再グレード付けをしていました。

またベトナムでは沈香をチャム（cham）と呼んでいることから、シャム沈香とはもともとチャムの語が変化したもので、ベトナム系沈香を指しています。タニ沈香の語源は、明確ではありませんが、以前マレー半島にパタニ王国があり、そのせいか太泥（タニ）のつく地名が何ヶ所かあります。またマレー半島はカリマンタン産やスマトラ産の沈香の中間集散地ともなっており、それらはマラッカ沈香（マレー沈香）と呼ばれていました。現実的にタニ沈香は昔のマラッカ沈香を指し、この語はアキラリア属マラクセンシス（maraccensis）の語源となっています。タニ沈香の呼称は、今では紛らわしいので、インドネシア系沈香の総称をジャワ沈香としています。泥沈香系は、土中から採取するのですが、以前よく入荷したのは、カリマンタン島のマレーシア領北端のサンダカンからで、山《さん》打《だ》根《こん》沈香と呼んでいました。採取地はサンダカン奥地のサバ州です。またベトナムの泥沈香も大量に出荷されていました。現在、泥沈香の新規入荷はほぼありません。

老山白檀はインド南部産白檀で、これも良品は減少の一途です。老山は良い山という意味ですが、同じように古渡《こわたり》という形容詞もあり、古くに渡来した良品を指します。

伽羅扇子

伽羅の中でも粘度の高い緑油系は細工に適さず、この品も粘度の低い紫油系で、さらに樹脂密度も低い材を用いている。すべて同材で、１枚ごとに順に截り出していく。

沈水香文箱

沈香製の箱は正倉院に多く収蔵され、形もさまざまであるが、その一つを模して作られた文箱。数種の沈香を板にして貼り合わせてあり、蔦の部分は伽羅の小片で、緑油系から鉄油系まで十種の伽羅が象嵌されている。「伊勢物語」の業平の歌にちなんだものである。

老山古渡白檀が最上の形容詞です。

香木の植林

　香木資源の枯渇に対応すべく植林事業は大切ですが、今のところ思惑通りには進んでいません。沈水香の植林は、苗木から植樹して、育てるのは簡単で十年で幹は直径十センチ前後になります。沈香樹は、ベトナムでは最大で直径七十センチ程度、カリマンタンでは直径百五十センチを超える大木もありました。そのため、ベトナムでは三メートル四方に一本植えます。千本植えてさらに道をつけると一万平方メートル（一ヘクタール）になります。一ヘクタール単位で植樹を拡げていきますが、その先樹脂が溜まるようにするには二通りの方法があります。一つは自然な状態で生長を待ち、偶発的に樹脂が溜まるのを待つこと。この場合、自然界では樹脂の溜まる樹は一〜二パーセントといわれますが、植林の場合、野生と同じようにはいかず、おそらく確率は落ちると思われます。もう一つは、幹にドリルで穴をあけ、雑菌を注入する方法です。しかし、この形は不自然で、環境破壊の一面もあり、良策とはいえません。しかもこの方法でも樹脂はほんのわずかしか溜まりません。結局、手を加えず自然の状態で待ち続けることになりそうです。

　また、インドでの白檀事業はインド政府の管理が強まっていますが、沈香と異なり白檀は育てるのが難しい樹なのです。というのも、半寄生の植物で、何かに寄生しないと太く成長しません。かなり前に種から発芽させ、温室で育てましたが、寄生のノウハウがなく、幹が針金のようになり、太くはなりませんでした。育成が難しい上に、生長が遅いので、計画通りにはいっていません。

伽羅の残り香

　このように香木資源が衰退して久しく、良質品はすでに自然界から出てこなくなっています。今から思えば、私が本格的にこの仕事に従事した一九七〇年代のはじめが、香木流通のピークだったと思います。そこからの流通量の下降は予想を超えるものでした。ベトナムやインドネシアの採取地でも香木について詳しく語れる人はいなくなりました。ベトナムの最も濃厚な採取地である中部高原地帯（タイグエン）では、かつて「沈香採り」という職業がありました。少数民族のジアライ族が数人のグループで山に入り、五日前後の日程で沈香や伽羅を採取してきます。彼らは背中に籠を背負い、野宿しながら森林の中の香木を採ってくるのです。私たちはその現場の手前で山から戻ってくるのを待ち、取引をします。彼らはこの仕事で十分食べていけたのです。しかし、かつて沈香採取で生活していた人々も物がない以上、採取品を変えざるをえず、今では「宝石採り」になっています。このような状態は、どの産地でも同様です。このままでは各産地に、良質品を知る香木の専門家がいなくなります。

　この本が少しでも香木産地の詳細と流通経路を知っていただけるきっかけになれば幸いです。なお、「香木図鑑」と銘打っていますが、植物学的なものではなく、聞香用香木の解説書とお考えください。また、文中には推論もあり、記憶違いもありえますが、ご容赦願います。

　またこの本で香木に興味をもたれたら、ぜひ香道流派に入門されることをお勧めします。静謐な空気の中、お手前とともに様々な日本の伝統文化を学ぶことができ、伽羅の香りとともに、文化の香りも身に纏えることでしょう。

沈水香の大木

伽羅・沈香を産する沈香樹は、かなりの大木であるが、では樹脂はどれくらいまで溜まるものなのか？　沈香樹の内部に樹脂が沈着した部分のみが沈水香となるのだが、樹脂は無制限に出たり、集まったりしてくるのではなく、逆に限りなく樹脂が出ると樹は枯れてしまう。つまり樹脂が沈着した部分は、樹として機能していないのである。１ヶ所に必要な量を満たせば樹脂が出なくなる。だから大きな塊になるためには、同じ場所に繰り返し損傷や病変が起こる場合と、数ヶ所の沈着部分が合体した場合となる。いずれにしても樹脂が溜まるほど樹は弱るわけで、樹脂という良薬は沈香樹にとって自分の命を縮める毒薬でもあるのだ。

香木をもっと知るための

用語集

アキラリア属〈あきらりあぞく〉
沈香樹の植物学的分類の基源属の一つ。

印香〈いんこう〉
練香を板状にして、花形などに型抜きしたもの。

御家流〈おいえりゅう〉
三条西実隆を祖とする香道の流派。

黄熟香〈おうじゅくこう〉
正倉院中倉に収蔵される香木。沈水香の一種。全浅香とともに「両種の御香」と呼ばれる。別名、蘭奢待。

重ね白檀〈かさねびゃくだん〉
白檀の木を薄く輪切りにしたもの。近年の材は油分が少なく、輪切りにしても形が崩れる。乱白檀ともいう。

キーナム〈きーなむ〉
伽羅のこと。奇南とも書く。

聞香炉〈ききごうろ〉
香を聞くための香炉。煙返しがなく、一重口、三脚を基本とする。

木所〈きどころ〉
六国の各国のこと。「木の産出した所」の意。

伽羅〈きゃら〉
香木の名の一つ、沈水香の一種。その最上品とされている。香木分類の六国の一つでもある。良質品は入荷しなくなって久しい。希少品なので、昔からその価値は、金に等しいといわれている。江戸時代には、美男美女のことを、伽羅の男・伽羅の女とも呼んでいた。

伽羅箱〈きゃらばこ〉
伽羅をしまっておく箱。小型から大型まで各種ある。桐箱に錫の内箱を組み込んだもの。

銀葉〈ぎんよう〉
銀や雲母でできた板。温度調節の役割と、香りが灰を通って、雑味が加わるのを防ぐ役割を担う。

組香〈くみこう〉
二種以上の香木を炷いて、古典文学などを題材に香りの違いを聞き当る形式。

競馬香〈けいばこう〉
組香の一つ。盤物といわれ、賀茂の競べ馬を模した道具を使う。

源氏香〈げんじこう〉
組香の一つ。源氏物語の巻の名称をあてはめた香の図を答えとして用いる。

香結〈こうけつ〉
沈香樹の樹脂が樹内の繊維に沈着し、香り成分に変化すること。香りを結ぶこと。

香原料〈こうげんりょう〉
香木をはじめ、香りを作るためのすべての原料。主に香木などの芳香性の薬種で、麝香や龍涎香などの動物性のものも含まれる。

香壺〈こうご〉
薫物を収納しておく壺。壺ごと遣り水のそばに埋めるのが良いとされた。

香室〈こうしつ〉
聞香を賞するための部屋。

香箪笥〈こうだんす〉
香木の入った香包などを納めておくための箪笥。

香包〈こうづつみ〉
香木を包んでおく包紙、たとう。

香木〈こうぼく〉
広義には樹木から発生する香材。幹・枝・根・葉・実・蕾・樹脂など。この中では樹脂系がもっとも多く、沈水香（伽羅・沈香）・乳香・没薬・薫陸・安息香・龍脳など多数。狭義では伽羅・沈香・白檀を指す。

香味〈こうみ〉
五味の各味のことではあるが、香りの風味を表す語。

香割道具〈こうわりどうぐ〉
香木を聞香に適した大きさに調製する鋸等の道具。

五味〈ごみ〉
香木の香りを五つの味で表したもの。甘・苦・辛・酸・鹹。「五味之伝」によると、甘は蜜の練る甘味、苦は黄柏の苦味、辛は丁子の辛味、酸は柑の酸味、鹹は汗とりの酸、と記してある。

佐曾羅〈さそら〉
六国の一つ。「六国列香伝」には、香味は僧の如し、と記されている。

山打根沈香〈さんだこんじんこう〉
沈香の産地の一つ。カリマンタン島北東部、マレーシア領のサンダカンから出荷される沈香。実際の産地は山間部のサバ地域でかなり前から採取できていない。泥沈香の一種。

時香盤〈じこうばん〉
箱に灰を敷き、抹香で型を作り、火をつけて時間を計る道具。

志野流〈しのりゅう〉
志野宗信を祖とする香道の流派。

赤栴檀〈しゃくせんだん〉
壇香といわれる硬木の一種で、少し赤味がある。聞香にも用いるが、沈香系とは異なる香味。

十種香箱〈じゅっしゅこうばこ〉
聞香を楽しむ香道具を納める箱。二段になっていて、かなりの量の道具類を入れることができる。

焼香〈しょうこう〉
複数の香原料を刻んだものを、仏前にて焚くように調合したもの。

沈香〈じんこう〉
香木の名の一つ。沈水香の一種。ベトナム・インドネシアを中心に、東南アジア周辺に広く分布する沈香樹から採取する。伽羅と同様、良品は枯渇。原木である沈香樹の植林が試みられているが、原木は育つも樹脂が樹内に溜まらないのが現状。ただし、原木から蒸留により沈香油が取れ、中東諸国での需要がある。

沈香樹〈じんこうじゅ〉
沈水香が採取される樹の総称。アキラリア属とジリノプス属があるとされる。樹の種類としては雑木で、建材や工芸に有用な訳ではないが、樹内に樹脂が溜まると、格段に価値が出る。

沈香油〈じんこうゆ〉
樹脂が沈着した香材としての沈香ではなく、その原木の沈香樹から抽出した香油のこと。沈香の香味とは異なる独特の香味で、主に中東諸国で身体に塗って使用される。

沈水香〈じんすいこう〉
沈香樹の樹内に樹脂が沈着した部分を指す。樹脂の密度が高いと水に沈むので、沈水香が語源となっているが、必ずしも沈むとは限らない。樹脂の密度より、香りの質が重要である。

沈箱〈じんばこ〉
香木を納めておく懸子に、六個の小箱が納められた箱。もとは六種の薫物を入れる箱であったが、六国を入れるようになった。

塗香〈ずこう〉
粉末の調合香で、手や身体に塗って、邪気を祓い、身を清めるために用いる。

寸門陀羅〈すもんだら〉
六国の一つ。語源はスマトラ島だが、香りの性質はカリマンタン島産品に近い。

線香〈せんこう〉
調合香を練り、線状に固めたもの。直線や渦巻、スティックなど、いろいろな形がある。

全浅香〈ぜんせんこう〉
正倉院北倉に収蔵される香木。沈水香の一種とされる。黄熟香とともに「両種の御香」と呼ばれる。別名、紅塵（紅沈）。

栴檀〈せんだん〉
センダン科の落葉高木であるが、白檀のことをこのように呼ぶこともある。

空薫〈そらだき〉
部屋や着物に香を薫きしめること。

薫物〈たきもの〉
複数の香原料の粉末を蜜などで練り合わせたもの。練香。

薫物合〈たきものあわせ〉
薫物の香りの優劣を競う合わせ物の一つ。

調合香〈ちょうごうこう〉
香原料を数種から数十種、バランスよく調合したもの。単品では味わえない多彩な香りを出せる。薫物（練香）や匂ひ香・焼香・線香・塗香などがある。

吊香炉〈つりこうろ〉
室内に吊り下げて使う香炉。揺れてもいいように、中は龕灯返になっている。

泥沈香〈どろじんこう〉
ベトナム系の泥沈香と、山打根系の泥沈香に大別される。長期短期の違いはあれ、いずれも香結後に土中で時を過ごしたもの。

匂ひ袋〈においぶくろ〉
調合香の一種である匂ひ香を詰めた袋。匂ひ香は、常温で香る香原料を調合するため、加熱の必要がない。衣装箪笥に入れたり、携帯したりする。

花伽羅〈はなきゃら〉
外観が花弁を重ねたように見える伽羅。

火道具〈ひどうぐ〉
灰や銀葉、香木等をあつかう七種の道具。火箸・灰押・羽箒・銀葉挟・木香箸・香匙・鶯のことをいう。

白檀〈びゃくだん〉
白檀樹の芯材を取り出したもの。インドネシア原産だが、インドやオーストラリア・南太平洋諸国・東アフリカ諸国など産地は広い。精油を多く含み、白檀油を蒸留して取り出す。香材としても、香油としても需要は多い。

白檀油〈びゃくだんゆ〉
白檀から採れる精油。エッセンスオイルとして大変用途の広い香油である。

病変部〈びょうへんぶ〉
何らかの要因のため、現れる変化。樹の内部に病的な損壊が生じた部分。

伏籠〈ふせご〉
中に香炉を置き、着物などを懸けて香を薫きしめる籠状の道具。後に矢来形や箱形も加わった。

紅土沈香〈ほんどじんこう〉
紅土とは、ベトナムなどインドネシア半島に多い、痩せてはいるが赤味のある湿潤な土壌のこと。その地で香結し、倒木となって地中で時を経た沈香。

真那賀〈まなか〉
六国の一つ。語源はマラッカで、香味もベトナム系とインドネシア系の中間。

真南蛮〈まなばん〉
六国の一つ。語源はインドのマナバールの可能性が高いが、断定はできない。

鞠香炉〈まりこうろ〉
鞠鞠状の丸い香炉。吊香炉の小型版。より小さいものは袖香炉という。いずれも同じ龕灯返になっていて、常に内部が水平に保たれる。

三組盤〈みくみばん〉
矢数香・名所香・競馬香の三種の盤立物を一つに納めた箱。源平香を加えて、四種盤とすることもある。

名香〈めいこう〉
銘のついた香木を銘香というが、中でもすぐれて名高い香木を名香と呼ぶ。

聞香〈もんこう〉
香を炷いて、香りを賞すること。基本的には、香りの発する何かを無心に聞き取る、ということになるが、聞くの意はさまざまに解することができる。

羅国〈らこく〉
六国の一つ。「六国列香伝」では、香味は武士の如し、と記されている。

蘭奢待〈らんじゃたい〉
正倉院中倉に収蔵の黄熟香の別名。この香木は勅封されているので、封を解いて截木するのは、権力の証しとなる。足利義政・織田信長・明治天皇が截木されたといわれるが、実際はもっと多くの歴史上の人物が截っているようである。

六国〈りっこく〉
香木を産地等の香りの差により六種に分けたもの。伽羅・羅国・真南蛮・真那賀・寸門陀羅・佐曾羅。当初は産地別の分類であったが、その後、香りの性質（種類）によって分類するようになった。木所とも。

老山白檀〈ろうざんびゃくだん〉
インド南部で採れる良質な白檀の尊称。

和香木〈わこうぼく〉
かつて鎖国などで、輸入の香原料が入手しにくくなると、次善策として国産の香りの強い木や、何らかの由緒のある木を聞香用に使用した。これを和香木と呼ぶ。

山田英夫　やまだ・ひでお
１９４８年京都府生まれ。慶應義塾大学経済学部卒業。会計学研修後、株式会社山田松香木店入社。１９８６年同社代表取締役社長、２０１９年同社代表取締役会長。そのほか、一般財団法人香木文化財団理事長、公益財団法人冷泉家時雨亭文庫評議員、公益財団法人お香の会評議員など。

山田松香木店
江戸時代から続く京都の老舗香木専門店。元は薬種業で、唐物を扱っていたが、香木・香原料に主軸を移した。現在も薬種業・香松屋の屋号を持ち、また香木文化財団を設立し、香木と香木関連文化の保存・振興、香木資源復活などに尽力している。
https://www.yamadamatsu.co.jp

香木のきほん図鑑
種類と特徴がひと目でわかる

発行日　２０１９年10月30日　初版第１刷発行
　　　　２０２４年６月15日　第５刷発行

著者　山田英夫
発行者　岸　達朗
発行　株式会社世界文化社
〒１０２-８１８７　東京都千代田区九段北４-２-29
電話　０３-３２６２-５１２４（編集部）　０３-３２６２-５１１５（販売部）

印刷・製本　株式会社リーブルテック

ISBN978-4-418-19425-4

撮影協力　株式会社山田松香木店　一般財団法人香木文化財団
撮影　大見謝星斗（世界文化ホールディングス）
イラストレーション　三好貴子
アートディレクション　高岡一弥
デザイン　伊藤修一　後藤寿方　神崎美穂
編集　福井洋子　中野俊一（世界文化社）　校正　天川佳代子